室内装修施工图设计与识图

（第2版）

主　编　张书鸿

副主编　张京晶

参　编　张　娇　韩萍毅　王　玮

　　　　郭　剑　王　冠　富　露

　　　　傅　昊　曹素平

机械工业出版社

本书语言简练，案例典型，图解直观（展示按书中的图样施工后的真实照片），旨在将室内装修施工图设计的基本方法和规范传授给读者。

本书由8章组成，分别讲述正投影原理与工程制图；与室内设计相关的图样种类及制图规范；室内设计平面图的绘制方法和识图方法；室内设计天花板图的绘制方法和识图方法，配有常见的天花板设计案例；室内墙面施工图的绘制方法和识图方法，包括常见造型、典型构件和材料的图示案例；剖面图的有关知识；节点及大样图的制图特点和阅读方法，并配有一些常见装修大样图供读者参考；案例介绍，给出整套施工图设计实例和竣工照片，使读者在阅读施工图时仿佛进入实景场所，体会设计图样与装修成品的对应关系。案例共有三个，每个案例的施工图都在本页内配上竣工照片，并用指引线提示读者照片场景在施工图中的位置，方便读者读图、识图，并且将二维空间的线条图样与三维空间的装修效果结合起来。

本书非常适合学习和从事环境设计的学生或年轻设计师们在短时间内学会装修施工图绘制的技巧，也是施工技术人员快速提升读图、识图能力的一本行业工具书和参考书。

图书在版编目（CIP）数据

室内装修施工图设计与识图/张书鸿主编. —2版 . —北京：机械工业出版社，2021.8（2023.8重印）

ISBN 978-7-111-69081-8

Ⅰ.①室…　Ⅱ.①张…　Ⅲ.①室内装饰设计②室内装修-建筑制图-识别
Ⅳ.①TU238.2②TU767

中国版本图书馆CIP数据核字（2021）第184352号

机械工业出版社（北京市百万庄大街22号　邮政编码100037）
策划编辑：宋晓磊　责任编辑：宋晓磊
责任校对：王　欣　责任印制：郜　敏
北京建宏印刷有限公司印刷
2023年8月第2版第3次印刷
210mm×285mm · 8.25印张 · 248千字
标准书号：ISBN 978-7-111-69081-8
定价：39.00元

电话服务　　　　　　　　　　　　网络服务
客服电话：010-88361066　　　　　机　工　官　网：www.cmpbook.com
　　　　　010-88379833　　　　　机　工　官　博：weibo.com/cmp1952
　　　　　010-68326294　　　　　金　书　网：www.golden-book.com
封底无防伪标均为盗版　　　　　机工教育服务网：www.cmpedu.com

　　快速发展的室内装饰装修行业，历经三十多年的时间已经成为我国国民经济中重要的组成部分，同时也衍生出了相应的学科门类和行业分支。2011年，教育部正式颁布了新的学科目录，艺术学从文学学科中独立出来，设计学成为一级学科，环境设计成为名副其实的二级学科；相应地，建筑行业中的装饰装修也从建筑施工的项目管理圈子里分离出来，装饰装修类注册建造师已成为独立的建造师类型。

　　室内装修是一项复杂的工程，它包括设计、计划、施工、组织、管理、验收、使用、评估等多个环节和过程。其中设计是关键，而将设计转化为实物，施工图起着非常重要的作用。一个好的室内装饰设计作品不仅要有好的概念和动人的效果图表现，还要有完整、准确的施工图样，因为施工人员要按图施工。这一点也是本书写作的出发点，目的是为在校的学生和年轻的设计师提供一本通俗易懂、深入浅出的施工图设计与绘制的实用教材。另一方面，看图、识图、按图施工是保证施工质量的根本前提。目前，我国的建筑装饰施工队伍中，有相当大的一部分技术人员、施工人员缺乏正规的识图、读图训练，这对保证工程质量、提高工艺水平是极为不利的，本书有利于施工技术人员快速掌握看懂装修施工图的技巧，有利于室内装饰装修行业整体水平的提高。

　　本书是在2012年出版的《室内装修施工图设计与识图》的框架上，根据读者反馈的信息和近些年优秀的设计案例，重新编写的一本适合年轻设计师和施工技术人员的普及型专业读物。上一版重印20次，深受广大读者喜爱。

　　本书通过介绍投影原理、制图规范，将室内空间按平面、地面、天花板、墙面的施工图样画法和识图方法介绍给读者，并结合实际案例讲述大样图的相关内容，能够帮助读者在短时间内掌握室内装修设计施工图的绘制和阅读方法。

　　编写本书时突出了以下几个特点：

　　1. 按照我国高校"环境艺术设计图学"的基本框架进行编写，省略了画法几何学的基础内容，开篇从三视图讲起。

　　2. 以读图和识图作为写作主线，同时也讲述制图原理和制图方法。以面向施工技术人员为主，同时也可以对年轻的设计师和初学者起到快速入门的作用。

　　3. 全书以图为主，文字干练，把常规学校教材中的深奥、玄妙之词尽量表达得通俗易懂、深入浅出。

4. 书中插图选用实际工程的例子，并配有实物照片，使读者在阅读施工图时对设计表达和实际工程有直观的认识。

5. 书中插图和范例的选择具有代表性，一方面能代表典型的施工图设计实例，另一方面也可作为装修造型设计上的参考素材。

本次再版，深度优化文本内容，在保证图文并茂的前提下调整版式，以最大限度地利用版面，使阅读内容增加而实际印张减少，将实惠留给了读者。其次，第8章设计案例部分将竣工照片与设计图合并在一起，极大地方便了阅读，更好地将施工图抽象的图示表达用感性的实物照片直观地表现出来。

由于编者水平有限，书中若有不当之处恳请广大读者批评指正。

编　者

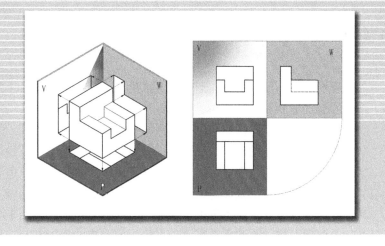

正投影原理与工程制图

世间一切物体都有体量，只是形状不同、大小不同，或者是在空间中的位置不同，科学的表达方式称之为三维坐标系统，也就是我们常说的三维空间。但如果我们全部采用三维空间的形式去表达、描述物体会有很多不便，即使我们采用了先进的三维技术，在实际的工程和设计中仍存在许多弊病，如观测的角度问题、坐标问题、尺寸度量问题等。因此，全世界范围内的设计行业，都采用正投影方式规范物体的视图、绘制工程图样，使之成为一种全球性的工程语言。除了设计师要学会正规的制图手段和规则外，施工技术人员也要能够看懂、读懂施工图，这样才能保证一个设计方案的正确实施。

1.1 投影原理

当我们观察一个物体，并想用一个平面图形把它描绘出来时，至少有四大要素必不可少：

- 视线：也叫投影光线，可以理解成从人眼到物体之间的连线。
- 画面：也叫投影平面，可以理解成用来描述物体的画板。
- 物体：也叫投影对象，是我们所要描绘的对象。
- 投影：也叫图像，是物体在画面上表达出来的形式，也就是从人眼到物体之间的连线在画面上的交点，如图 1-1 所示。

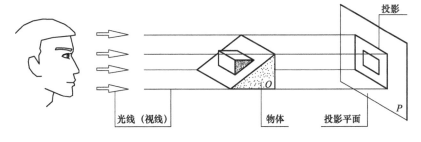

图 1-1　投影原理（投影平面在物体后方）

对于一个简单的物体，如球体，不论我们从哪一个角度去观察，其投影（图像）都是一个圆。对于一个标准的正方体，只要物体的一个面平行于投影面，其投影（图像）都是一个正方形。对于一个边长不等的长方体来说，虽然从各角度投影的形状都很相似，但它们的比例和尺寸是不同的。在实际工程设计中，简单的几何形体并不多见，要正确地描绘一个复杂物体，要通过多角度的投影才能反映物体的真实形状和全貌。

世界上不同国家在讲授投影原理时所用的方法不同，主要是投影平面放置的位置不同。我国把投影平面放在物体的后方，视线通过物体时在投影面上得到投影，如图 1-1 所示。这种方法的优点是可以把投影和阴影结合在一起讨论，就好像用幻灯机把物体投射到墙面上的原理一样。

有些国家把投影平面放在视线与物体之间，如图 1-2 所示。投影平面就好像一块透明的玻璃板一样，这种方式与西方透视学的形成原理极为相似，如图 1-3 所示。就好像用照相机把物体感光到胶片上的原理一样。不论采取哪一种方法，所形成的投影都是一样的。

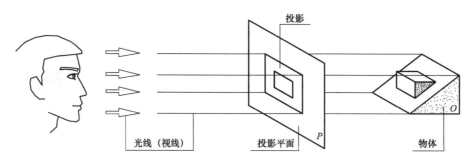

图 1-2　投影原理（投影平面在物体前方）

图 1-3　透视原理

1.2 正投影与三视图

正投影是视线（平行光线）与投影面垂直时形成的特殊投影，这是因为在现实环境中具有垂直（正交）坐标体系的物体最常见，如道路、桥梁、建筑物、家具等。利用正投影的方法在相互垂直的投影面上（一般为水平面、正立面和侧立面）所形成的投影图，在实际工程设计中是最重要的图示方法，这就是我们大家所熟识的三视图，如图 1-4 所示。

1）对于一个极简单的物体，如球体，用一个视图就可以把它表达清楚，如图 1-5 所示。

2）对于一个不太复杂的物体，有时用 2 ~ 3 个视图就可以表达清楚了，如图 1-6 所示。

3）对于一个复杂的物体，有时候用三个视图还不能表达清楚，就需要用多向视图来描述它，于是就产生了主视图、俯视图、左视图、右视图、仰视图、背视图等，如图 1-7 所示。

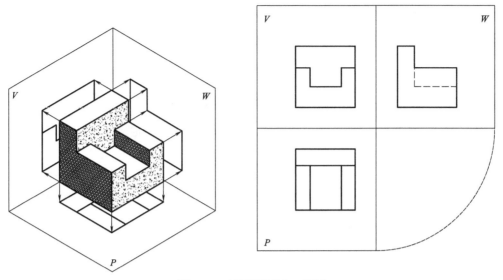

图1-4　正投影原理和三视图

　　在实际工程中常用到的投影图还有许多种，如剖面图和断面图，用来表达形体内部的材料、构造等详细情况。关于投影图的详细情况，会在第2章中进行讲解。

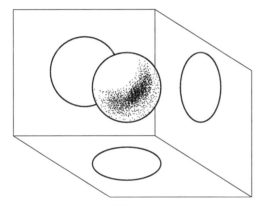

图1-5　球体的三面投影图

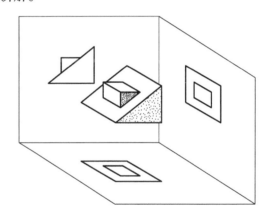

图1-6　简单物体的三面投影图

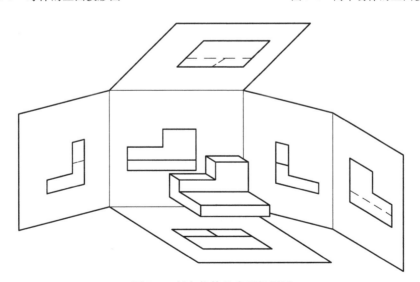

图1-7　复杂物体的多面投影图

1.3 建筑与室内投影图的形式

建筑空间最常见的形式是正交六面体（也就是我们常说的长方形），不论是居住空间、办公空间还是一般的商业空间，六面体的空间形态随处可见。以一个简单的小房子为例（见图1-8），正面投影称之为正立面图，也就相当于上面提到过的主视图；当从一个侧面（左或者右）观测物体时，得到物体的侧面投影，称之为侧立面图，也就相当于上面提到过的左（右）视图；当从上往下观测物体时，得到物体的俯视图，称之为屋面图；但由于建筑的屋面遮挡了房间的平面布局，并且屋面的造型和尺寸与建筑的平面和墙体往往不是对应关系，所以还需要一个反映建筑平面形状和尺寸的视图，于是就产生了平面图。

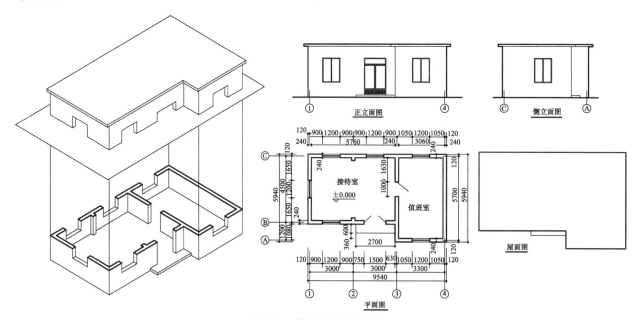

图1-8 建筑图的表示方法

平面图的形成原理是将建筑物用一个水平面（一般在窗台的上方）剖开，再向下投影得到的俯视图，如图1-8所示的立体示意图。在平面图中我们不仅可以看到建筑物的平面形状和尺寸，还能看到房间内墙体的布局和大小，同时，窗户、门的位置和尺寸也清楚地表示出来了。

我们把三视图与建筑图的关系进行一下比较说明：

1）正立面图 相当于主视图，反映出物体长度和高度方面的形状和尺寸。

2）侧立面图 相当于左（右）视图，反映出物体厚度和高度方面的形状和尺寸。

3）屋面图 相当于俯视图，反映出屋面的形状和尺寸。

4）平面图 相当于水平剖面图，反映出建筑物平面的形状和尺寸。

在绘制和阅读建筑（三视图）图时，各个视图之间存在着一定的逻辑关系：

● 主俯长对正——正立面图（主视图）和平面图（俯视图）在长度方向一定相等。

● 主左高平齐——正立面图（主视图）和侧立面图（左视图）在高度上一定相等。

● 俯左宽相等——平面图（俯视图）和侧立面图（左视图）在宽度上一定相等。

以上三点是绘图、读图时务必遵循的规则，大家一定要牢记。

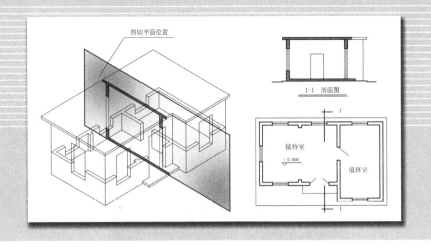

第2章

图样种类及制图规范

设计最终要通过图样来表达，施工技术人员要依据设计图样进行施工，最终把一个好的设计变成现实。在设计方案初始阶段，设计师要通过多种表达方式（如透视图、立体图以及模型等）推敲设计、交流思想；在设计方案确定后，设计人员要绘制正规的施工图样，将建筑空间各部分的形状大小、内部布局、细部构造、材料工艺、施工要求等准确而详细地表达出来，以便作为施工的依据。表现图、方案图和施工图都是运用建筑制图的基本理论和基本方法绘制的，都必须符合国家统一的建筑制图规范和标准。

2.1 建筑工程设计图样的种类

2.1.1 透视图

透视图是按照人眼的视觉特征（相当于照相机）绘制的直观投影图。透视（英文 Perspective）一词是从拉丁文"Perspclre"译过来的，原指"看透"的意思。当初西方人在研究透视时用一块透明的平面玻璃放在眼前，通过这个平面去观看景物，把看到的样子丝毫不差地描绘在透明板上，这样就得到了该景物的透视图，如图 1-3 所示。

一张照片可以十分逼真地反映出建筑和室内空间的外观形状，这是因为物体通过照相机形成的图像，与我们观看物体时在视网膜上所形成的图像是基本一致的。透视图能够直观、逼真地表现出物体的空间形状，为我们了解和评价设计方案、修改和推敲设计、交流信息提供了极大的方便，如图 2-1 所示。

透视图虽然具备上述优点，但是它不具备施工图的特性。在透视图中物体看上去近大远小、近高远低、近长远短，相互平行的直线会在无限远处交于一点；这给按图施工和尺寸度量带来了麻烦。所以，透视图只能作为设计和施工的参考图样。

2.1.2 轴测图

轴测图是一种能够表达三维尺寸的投影图，顾名思义，"轴测"是指能够沿轴向进行测量的意思。轴测投影形成的原理可以有两种解释：一种是用正投影原理的解释，另一种是用透视原理的解释。

1）用正投影的投影原理，将物体倾斜地摆放在投影面中（倾斜的角度不同，可以得到不同样式的

a）建筑外观透视图　　　　　　　　　　　　　　b）室内空间透视图

图 2-1　透视图

轴测投影），由于物体的直角坐标与投影面不存在平行或垂直的关系，我们所看到的物体就会有多个体面显现出来，人们习惯地将其称为"立体图"。

2）用透视图的生成原理，是将人的眼睛置于无穷远处，所有的投影线（视线）就会彼此平行，这时形成的透视图就没有近大远小的透视变化，也是一种"立体图"。

最常见的轴测图有两种，一种叫正轴测图，另一种叫斜轴测图。

图 2-2 画的是一种轴间角相等（X、Y、Z 轴夹角均为 120°）的正轴测图。这种轴测图的最大优点是可以分别沿着 X、Y、Z 轴向进行度量，并且度量单位（变形系数）为 1:1。

图 2-3 画的是一种正面为物体实形（X、Z 轴夹角为 90°，Y 轴呈 45°夹角）的斜轴测图。这种轴测图的最大优点是正面为主视图正投影，其度量尺寸为 1:1，Y 轴方向的度量单位为 1:2（图上尺寸为实际尺寸的 1/2）。

图 2-4 画的是一种水平面为物体实形（X、Y 轴夹角为 90°，Z 轴方向可变）的斜轴测图。这种轴测图的最大优点是水平面为平面图正投影，并且尺寸为 1:1，Y 轴方向的度量单位也是 1:1（考虑到作图的方便）。

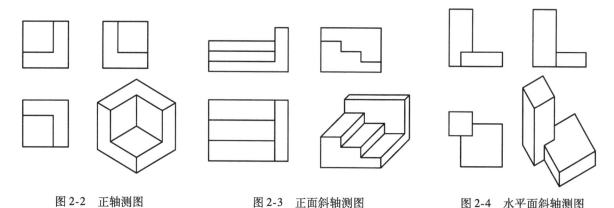

图 2-2　正轴测图　　　　　　图 2-3　正面斜轴测图　　　　　　图 2-4　水平面斜轴测图

2.1.3　平面图、立面图

在描绘建筑物的平面形状和空间布局时，我们用一个水平面将建筑物水平切开，为了更好地表现建筑物墙体的尺寸和门、窗口的位置，一般将水平剖切的位置放在窗台的上方（相当于 1.5m 左右的高度），剖切后的水平投影（俯视图）叫作建筑平面图，如图 1-8 所示。

建筑的立面图或侧立面图，与前面讲到的正投影主视图和左（右）视图基本一样，只不过是在视图名称上有所不同，例如，南立面图、北立面图、正立面图等。

2.1.4 剖面图

当我们要描绘一个复杂的物体时，运用最基本的投影图（三视图）画法有时显得无能为力。因为有些看不见的部分需要用虚线来表达，并且标注起来也很麻烦，这给读图和识图带来了许多不方便。利用一个假想的剖切平面（见图 2-5）将物体剖开，把不想表达的部分移走，将剩余的部分向垂直于剖切平面的投影方向进行投影，所得到的图形称为剖面图。

2.1.5 断（截）面图

断面图的形成原理与剖面图完全一样，所不同的是：剖切平面将物体剖开后，直接把剖切平面上留下的痕迹描绘出来，就称为断面图（也称为截面图），如图 2-5 所示。

不论是剖面图还是断面图，剖切后物体内部材料的图示方法和标注方法都有其相应的规范要求，这部分内容将在第 6 章里详述。

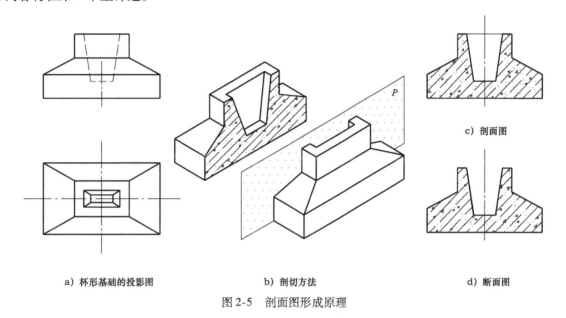

a）杯形基础的投影图　　　b）剖切方法　　　d）断面图

图 2-5 剖面图形成原理

2.1.6 节点大样图

在建筑和室内装修施工图中，有许多关于细部构造和材料的图示方法。一般把描绘物体内部（细部）构造、材料、尺寸及工艺的大比例剖面或截面图统称为节点大样图。这部分内容将在第 7 章里详述。

2.2 建筑制图的国家标准

2.2.1 图幅及规格

图幅即图样幅面，指图样的大小规格。为了方便图样的保管、查阅、装订以及文档交流，对图样的大小和规格进行了统一规定。

图幅分横式和竖式两种，如图 2-6 所示。由于受到纸张制作的限制，最大的横幅图样的宽度为1189mm，常用的图幅为 A0、A1、A2、A3、A4。小一号图样的长边是大一号图样的短边，从 A0 至 A4依次为对折的关系，见表 2-1。

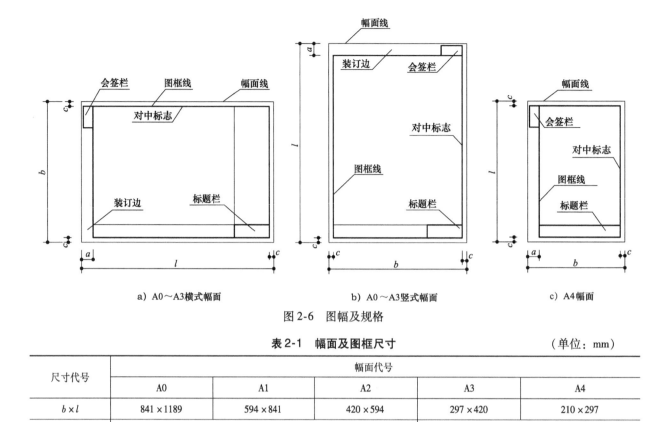

a) A0～A3横式幅面　　　　　b) A0～A3竖式幅面　　　　　c) A4幅面

图2-6　图幅及规格

表2-1　幅面及图框尺寸 （单位：mm）

尺寸代号	幅面代号				
	A0	A1	A2	A3	A4
$b \times l$	841×1189	594×841	420×594	297×420	210×297
c	10			5	
a	25				

1）由于图面构图的需求或是装订的方便，允许 A0～A3 图幅的长边尺寸加长，但应符合表2-2 的规定。

表2-2　图纸长边加长尺寸 （单位：mm）

幅面代号	长边尺寸	长边加长后的尺寸				
A0	1189	1486(A0+1/4l)	1635(A0+3/8l)	1783(A0+1/2l)	1932(A0+5/8l)	2080(A0+3/4l)
		2230(A0+7/8l)	2378(A0+1l)			
A1	841	1051(A1+1/4l)	1261(A1+1/2l)	1471(A1+3/4l)	1682(A1+1l)	1892(A1+5/4l)
		2102(A1+3/2l)				
A2	594	743(A2+1/4l)	891(A2+1/2l)	1041(A2+3/4l)	1189(A2+1l)	1338(A2+5/4l)
		1486(A2+3/2l)	1635(A2+7/4l)		1783(A2+2l)	1932(A2+9/4l)
		2080(A2+5/2l)				
A3	420	630(A3+1/2l)	841(A3+1l)	1051(A3+3/2l)	1261(A3+2l)	1471(A3+5/2l)
		1682(A3+3l)	1892(A3+7/2l)			

注：有特殊需要的图纸，可采用 $b \times l$ 为 841mm×891mm 与 1189mm×1261mm 的幅面。

2）标题栏的款式和大小尺寸，依不同设计单位，暂时没有统一规定。但一般都放在图样的下边、右边和右下角，如图2-7 所示。

2.2.2　图线

施工图样都是用线条绘制成的，不同的线型代表不同的含义。要读懂建筑及装修施工图，必须熟悉各种图线的用途和性质。表2-3 中列出了不同线型的特性和用途。

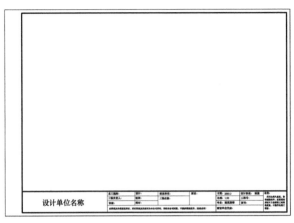

a）横式标题栏

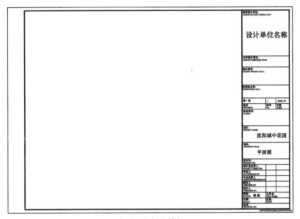

b）竖式标题栏

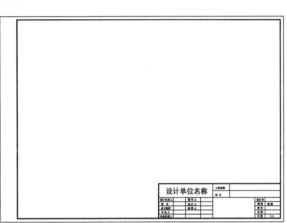

c）角式标题栏

图2-7　标题栏的款式

表2-3　线型的画法及应用

名称		线　　　型	线宽	一　般　用　途
实线	粗		b	主要可见轮廓线
	中粗		$0.7b$	可见轮廓线
	中		$0.5b$	可见轮廓线、尺寸线、变更云线
	细		$0.25b$	图例填充线、家具线
虚线	粗		b	见各有关专业制图标准
	中粗		$0.7b$	不可见轮廓线
	中		$0.5b$	不可见轮廓线、图例线
	细		$0.25b$	图例填充线、家具线
单点长画线	粗		b	见各有关专业制图标准
	中		$0.5b$	见各有关专业制图标准
	细		$0.25b$	中心线、对称线、轴线等
双点长画线	粗		b	见各有关专业制图标准
	中		$0.5b$	见各有关专业制图标准
	细		$0.25b$	假想轮廓线、成型前原始轮廓线
折断线	细		$0.25b$	断开界线
波浪线	细		$0.25b$	断开界线

2.2.3 尺寸标注

要想读懂施工图样，除了要看懂图形和线条表示的含义外，还必须学会看懂尺寸标注。图形只能表达物体的轮廓和形状，还不能作为施工、放样和加工的准确依据。如果尺寸有误，势必会给施工带来困难和损失。

建筑及装修图样上的尺寸一般由尺寸界线、尺寸线、尺寸起止符号和尺寸数字四部分组成，如图2-8所示。

1) 尺寸界线是控制所标注尺寸范围的线段，一般与被标注的图形轮廓垂直；如果建筑图中有轴线和中心线，也可作为尺寸界线。

2) 尺寸线用于注写尺寸，一般与被标注的轮廓平行且等长，尺寸线不能超出尺寸界线。

3) 尺寸起止符号用于尺寸界线与尺寸线的交点处，一般称"箭头"。箭头的画法很多，有些地方真正画上一个箭头，如图2-9a所示；建筑图上习惯用45°的短线作为尺寸起止符号，如图2-9b所示；装修图样更多地采用圆点作为尺寸起止符号，如图2-9c所示。

4) 尺寸数字以mm为单位，一般写在尺寸线的中部上方，如果没有足够的地方标写，也可引出标写。

本书附录A的图表中列出了常用尺寸标注方法。

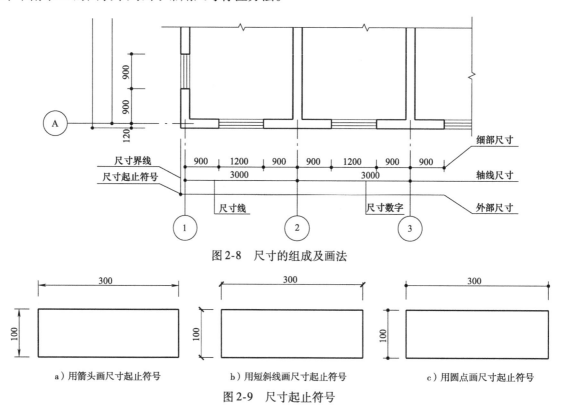

图2-8 尺寸的组成及画法

a) 用箭头画尺寸起止符号   b) 用短斜线画尺寸起止符号   c) 用圆点画尺寸起止符号

图2-9 尺寸起止符号

2.2.4 比例

比例用来表示物体真实尺寸与图样尺寸缩放大小的倍数关系。图样的比例，应为图形与实物相对应的线性尺寸之比。当一个物体用真实的大小画在图样上时，它的比例为1:1（俗称足尺）。一般情况下，建筑图都采用缩小的比例绘制图样，常用的比例有1:5、1:10、1:20、1:50、1:100、1:500等。

如果在一张图样上所绘制的图形都采用同一个比例，可以在图样的标题栏中标注比例数；如果在一张图上有几种比例，一般把该图形的比例标注在该图下方图名的右侧，字的基准线应取平；比例的字高宜比图名的字高小一号或二号，如图2-10所示。

墙面展开图 1:20   ⑤   1:20

图2-10 比例标注的位置

2.2.5　轴线

　　轴线在建筑图中起定位作用。为了使建筑物的设计、施工、建材生产以及使用单位和管理机构之间容易协调，用标准化的方式使建筑制品、建筑构件和配件等实现工业化生产，建筑上采用了模数标准，轴线根据建筑的模数而定。如房间的开间尺寸通常为 2400mm、2700mm、3000mm、3300mm 等，一般以 300mm 为一个递增值。

- 水平方向的轴线从左到右用阿拉伯数字依次连续编为①、②、③……
- 垂直方向的轴线从下到上用大写拉丁字母依次连续编为Ⓐ、Ⓑ、Ⓒ……
- 附加轴线（又叫分轴线），介于两个主轴线中间，用以标记非承重墙、隔墙的定位，如图 2-11 所示。

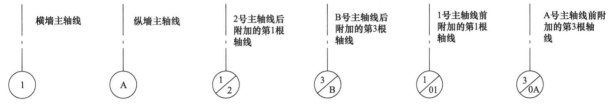

图 2-11　轴线、附加轴线的标注方法

2.2.6　标高

　　标高是用来标记物体某表面高度的符号。在建筑总平面图中，一般将底层室内地面标高定为±0.00；在装修图样中标高多用来表示装修后的天花板或装修后地面的相对高度（参考坐标为同一个房间或空间），如图 2-12 和图 2-13 所示。

图 2-12　标高符号和标高的指向

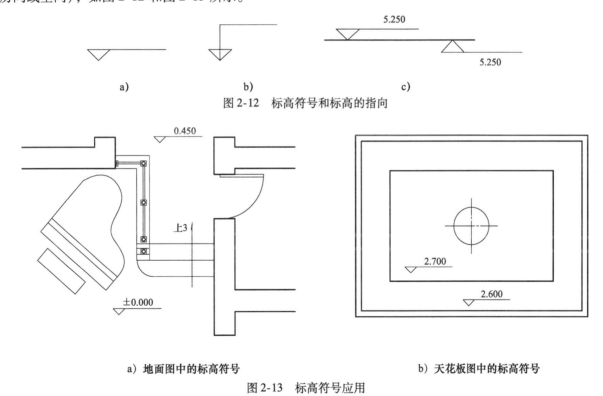

a）地面图中的标高符号　　　　　　　　　　b）天花板图中的标高符号

图 2-13　标高符号应用

2.2.7　索引及符号

　　不论是建筑施工图还是装修施工图都有多种索引和符号，用于引导看图者查找相关的信息或被引出的内容。这给图样的设计和阅读带来了层次分明的优点，设计的详尽内容可以从宏观到微观、由浅入深、由表及里地分层次展开。在装修施工图中有以下常用的索引和符号：

1. 详图索引

详图索引包括视图索引、剖切索引、放大索引。

索引符号由引出线和圈内数字组成。圈内上部数字是详图图样名称，圈内下部数字是详图图样所在的图纸页码。如图 2-14b 所示，②表示详图在本页图纸内，详图的名称为②；还有一种表达方法，索引符号的上半圆中用阿拉伯数字注明该详图的编号，并在下半圆中间画一段水平细实线。如果详图不在本页图纸内，要在索引符号的下半圆用阿拉伯数字注明该详图所在图纸的编号，读图时可按提示的页码到相应的图样中查到详图。从图 2-15 中可以看出，在 2 号图上有两个索引符号，分别是剖切节点 1 和大样节点 2，这两个节点图画在 3 号图纸上。

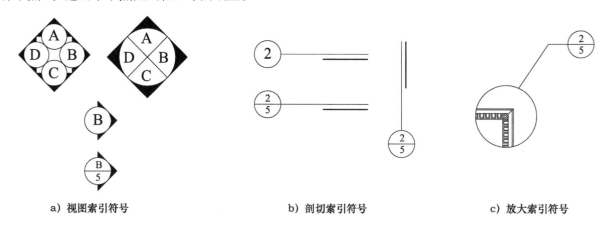

a）视图索引符号   b）剖切索引符号   c）放大索引符号

图 2-14 索引符号

a）图中的索引符号表示墙面展开图B在2号图纸上   b）图中的节点图1和大样图2在3号图纸上

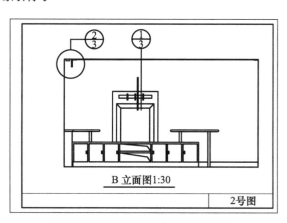

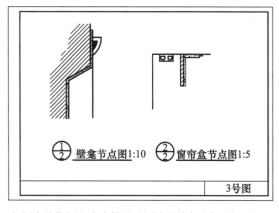

c）图中的节点图1和大样图2所对应的被索引位置在2号图上

图 2-15 详图索引符号与被索引图的关系

1）视图索引也称立面图索引或立面展开图索引。一般将视图索引符号放在平面图中（见图2-15a），常规的房间有四个墙面，如果四个墙面都需要展开详图，平面图中就应该标出四个方向的索引符号，如图2-14a中A、B、C、D分别代表东、南、西、北四个墙面的索引符号；如果有些墙面设计非常简单，不需要画展开详图，那就将这个方向的索引符号省略。如图2-15a平面图中只画出了一个方向的视图索引。

2）剖切索引可选用国际通用方法表示（见图2-16），也可采用国内常用方法表示（见图2-14b），但同一套图纸应选用同一种表示方法。国际通用剖切索引符号由剖切位置线和索引符号组成，填充黑色的三角形顶点代表剖视方向，圆及黑色三角形、水平直径组成了剖切索引符号；水平直径上方为索引编号，下方为图纸编号。读图时应先找到编号"A02"的图纸，进一步即可看到1或2的剖面详图了。

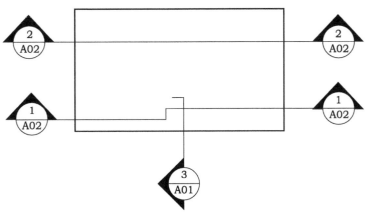

图2-16　国际通用剖切索引符号

3）放大索引也称大样图索引。一般不采用剖切的方法，当图幅较小而无法看清细部时，就在需要放大的地方增加一个大样图，如图2-14c所示。大样图通常用大比例绘制，这样就可以充分地标注尺寸、标注文字了。

2.剖切符号

剖切符号包括剖面的剖切位置符号、剖切索引符号、剖切投影方向三部分。

1）剖面的剖切位置符号用于标明剖切位置及剖切后的投影方向，如图2-17所示。

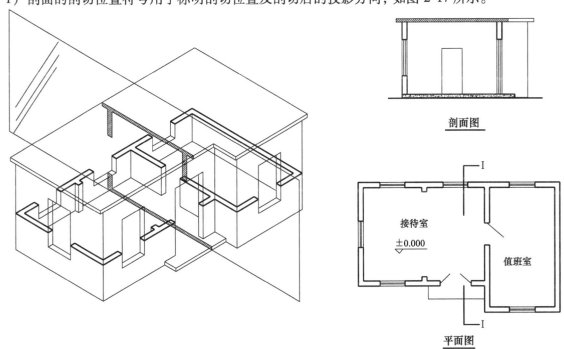

图2-17　剖面位置符号

剖切符号的编号宜采用粗阿拉伯数字，按剖切顺序由左至右、由下向上连续编排，并应注写在剖视方向线的端部（见图2-18）。需要转折的剖切位置线，应在转角的外侧加注与该符号相同的编号。图2-18

中的文字"建施 – 5",表示该剖面图可在建筑施工图的图纸编号"建施 – 5"中找到剖面 3。

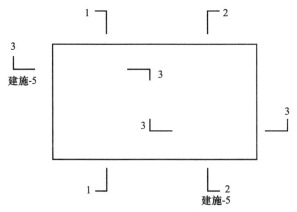

图 2-18 剖面的剖切符号

断面的剖切符号仅用剖切位置线表示(不必再用线段表示投影方向),如图 2-19 所示。其编号应注写在剖切位置线的一侧,编号所在的一侧则为该断面的剖视方向。如果断面图不在本页内,可另注文字说明断面图所在的图纸编号,图 2-19 中的文字"结施 – 5",表示该断面图可在结构施工图的图纸编号"结施 – 5"中找到断面 1 和断面 2。

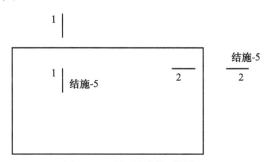

图 2-19 断面的剖切符号

2)剖切索引符号最简单的形式是文字标注(见图 2-19 中的文字"结施 – 5"),按照图名文字可以直接在对应的图纸上找到剖面或断面详图。如果采用国家或地方制定的建筑标准图集,可直接标写出"标准图集的编号和代码",图 2-20 中的"J103"则是标准图集的代码。

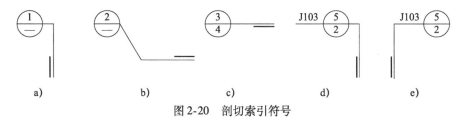

图 2-20 剖切索引符号

索引符号应由直径为 8mm ~ 10mm 的圆和水平直径组成(见图 2-20a),从直径延伸出去的引出线指向剖切位置,剖切位置线(粗实线)与引出线(细实线)的上下、左右关系,用以表示剖切面的投影方向。图 2-20a 表示剖切后的视图是向左看;图 2-20b 表示剖切后的视图是向上看;当索引出的详图与被索引图在同一张图纸时,应在索引符号的上半圆中用阿拉伯数字注明该详图的编号,并在下半圆中间画一段水平细实线(见图 2-20a 和图 2-20b);当索引出的详图与被索引图不在同一张图纸时,应在索引符号的上半圆中用阿拉伯数字注明该详图的编号,在索引符号的下半圆中用阿拉伯数字注明该详图所在图纸的编号(见图 2-20c ~ 图 2-20e)。

3)剖切投影方向是指将建筑局部剖切后向哪个方向投影。对于断面图来说,剖切后的断面向两个方向看是一样的(完全对称)。而对于剖面图来说,剖切后的剖面向两个方向看是不一样的,所以要正确标注剖切后的投影方向。

3. 对称符号

对称符号用在对称性图形(图样)中,用来省略对称、重复部分的图样,减少重复性绘图工作,同时也节省图纸空间。图 2-21 为新旧两种对称符号，图 2-21a 为旧国标对称符号；图 2-21b 为新国标（房屋建筑制图统一标准 GB/T 50001—2017）对称符号。

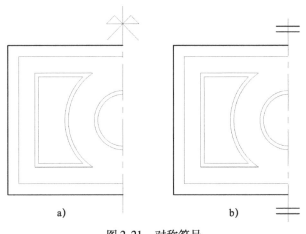

图 2-21 对称符号

4. 连接符号

连接符号应以折断线表示需连接的部分。两部位相距过远时，折断线两端靠图样一侧应标注大写英文字母表示连接编号。两个被连接的图样应用相同的字母编号，如图 2-22 所示。

5. 省略符号

在绘制施工图时，经常会遇到一些不必要画出的部分，如空白的墙面，或是完全重复的装饰造型，通常采用省略的符号略去无用的图样，可使图面看起来简洁明了，如图 2-23 所示。

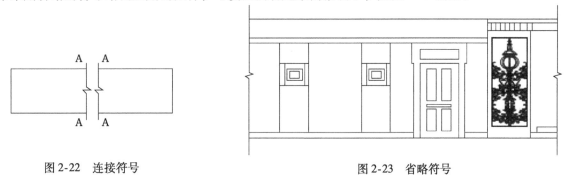

图 2-22 连接符号   图 2-23 省略符号

6. 门窗编号

门窗是建筑物用量最多的构件，有时在一栋建筑中就有几十种甚至上百种形状和大小不同的门窗，为了便于统计和加工，一般在施工图上对门窗进行编号，并附有详细的门窗统计表。常用的门窗编号如下：

1）M 代表门，M1、M2、M－1、M－2 等都是门的编号。通常也会将门扇的尺寸写到门的编号中，例如：M90210，表示门宽 900mm，门高 2100mm。有些特殊的门，如 FM 乙 1524，表示乙类防火门，宽1500mm，门高 2400mm。

2）C 代表窗，C1、C2、C－1、C－2 等都是窗的编号。也可以将窗扇的尺寸写到窗的编号中，例如：C2418，表示窗宽 2400mm，窗高 1800mm。

3）MF 表示防盗门。

4）LMT 表示铝合金推拉门。

5）LMC 表示铝合金门连窗。

6）LC 表示铝合金窗。

各种材料和规格的门窗编号尚无统一的国家标准，各施工图中所采用的编码所代表的含义并不一定相同，需要查看详细的门窗表和代码说明。

2.3 装修施工图与建筑施工图的差异

2.3.1 投影方向不同

1）墙面展开图是由内向外观看（站在房间的中央向四周看），而建筑立面图是从外向内观看。

2）平面图和地面图的投影方向与建筑屋面图相同，都是从上往下看的俯视平面图。

3）室内天花板图与建筑屋面图的投影方向刚好相反，室内天花板图是站在屋内向上看，然后把看到的平面图"镜像"过来；建筑屋面图是从上往下看到的俯视平面图。二者画出的结果完全不同。

2.3.2 空间界面多

装修是对建筑内部空间各个界面进行的装饰。对于一个立方体空间来说，一般都有六个面：地面、天花板和四个墙面。在装修施工图中，每一个界面都有相应的设计施工图，所以装修施工图样所表达的内容和图样量要比建筑图多许多。

2.3.3 细部尺寸多

由于装饰材料和装修造型的多样性，装修施工图的细部尺寸非常多。对于一个比较精致的细部处理，往往需要大比例的详图才能够将其尺寸、构造和材料等表示清楚。

2.3.4 标注内容多

装修构造和施工工艺比起建筑构造和施工工艺要复杂得多。在装修施工图中，关于材料、施工工艺等具体施工方法都有详尽的标注和说明。在阅读装修施工图时，了解和掌握这些必要的标注内容十分重要。

装修施工图的尺寸标注基准与建筑施工图有所不同。建筑施工图一般以轴线为基准，而装修图样一般以内墙为基准。这是因为在装修施工中很难以建筑轴线为参照物，同样开间和进深尺寸的房间，在施工现场度量起来误差很大。

2.3.5 节点详图多

在建筑施工图中，有许多构造和材料的节点在建筑图集（各地区和城市有自己编制的构造和节点标准图）中可以找到，只要在图中标出相应的节点编号就可以了。而装修施工所涉及的节点非常复杂，并且更新很快，目前又尚无统一的标准和规范，所以装修施工图比建筑施工图的节点详图更多。这些节点详图对保证装修质量和提高装修档次是至关重要的。就以大理石贴面为例，同样是大理石贴面，五星级宾馆的大理石贴面要比普通场合的处理方法精细得多，当然工程造价也会随之增加。

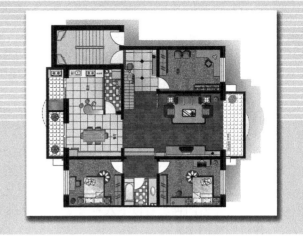

室内设计平面图的绘制和阅读

室内设计与室内装修两者在概念上有所不同。室内设计包括空间规划、家具和装饰品的布局、设备的摆放、环境质量的控制等，当然也包括对界面的材料、造型、色彩的美学设计和艺术处理。室内装修包含在室内设计当中，但它更着重于对界面的处理方法，作为一个简单的装修工程，处理天、地、墙就是装修的任务。读者可能会问：室内装修施工图把天、地、墙画出来不就可以了吗？以一个办公空间为例，天花板、地面和墙面的处理并不十分复杂，但家具和设备的定位、照明灯具的定位、开关、电源、电话、计算机网络接口等位置，还有空调、暖气、上下水的位置和布局等，这些都要以平面图为依据。由此可见，室内设计平面图是装修施工图绘制的依据，水暖、电气、通信、空调等相关专业，都必须以室内设计平面图为基准。

3.1 室内设计平面图的表达方法

平面图的形成原理是将建筑物用一个假想平面（一般在窗台的上方）剖开，再向下投影时得到的俯视图。在平面图中我们不仅可以看到建筑物的平面形状和尺寸，还能看到房间内墙体的布局和大小，同时，窗户、门、家具、设备的位置和尺寸也清楚地表示了出来。

在阅读平面图时应注意以下四个方面。

3.1.1 剖切位置和图示方法

假想平面（水平剖切面）剖开墙体的高度一般在 1000 ~ 1500mm 高，目的在于剖开窗口（高侧窗剖不到，另见高侧窗的画法。），移去剖切平面以上的部分，将余下的部分向下作水平投影。平面图绘制时必须按规范要求标示：

1）剖开的墙体按剖面图要求绘制，墙体一定要用粗实线画。

2）窗口为投影轮廓线，用细实线表示。

3）窗扇用细实线画出，我国北方为双层窗，用两条细实线表示；南方为单层窗，用一条细实线。

3.1.2 充填符号

剖开的墙体用粗实线绘制，当平面图的比例较大（1:5 ~ 1:10）时，墙体应画上充填符号，如图3-1所示。

3.1.3 窗的画法

普通窗户一般用两根细实线表示（北方）。当平面图的比例较大（1:5～1:10）时，应画出窗的剖面（平开窗或推拉窗），并应能看出是双层窗还是单层窗以及窗台板的形状，如图3-2所示。

常见窗的种类有以下八种（见本书附录B常用建筑门窗图例）。

（1）平开窗　平开窗是一种常见的普通窗型，材料以木窗、钢窗、塑钢窗较为常见。我国南方一般采用单层窗，北方由于天气寒冷则采用中空双层玻璃窗或中空三层玻璃窗。平开窗有内开和外开两种，根据不同要求和环境而定。

（2）推拉窗　推拉窗一般采用先进的材料和工艺制成，常用的是塑钢推拉窗和铝合金推拉窗。其优点是开启时不占用空间。

（3）中悬窗　中悬窗一般设在高处或不易开启的地方，如玻璃幕墙的通风窗扇，教室、展厅的高侧窗等。

（4）上悬窗　上悬窗与中悬窗的功能、构造差不多，所不同的是铰链放在窗口的上边。

（5）下悬窗　下悬窗与上悬窗的原理相同。目前有一些高档的铝合金材质窗既可以上悬、下悬，也可平开。

（6）上推窗　窗扇可以上下滑动，并且不占用开启空间，比较容易控制进风量。

（7）固定窗　固定窗只满足采光的要求，不能开启。

（8）百叶窗　百叶窗不起保温或密闭作用，只适合于需要通风和遮阳的场合。

窗户的开启方向有规定的图示方法，如图3-3所示。

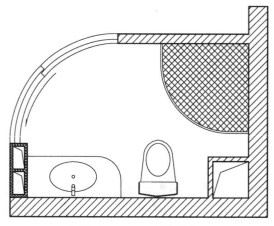

图3-1　墙体的充填符号

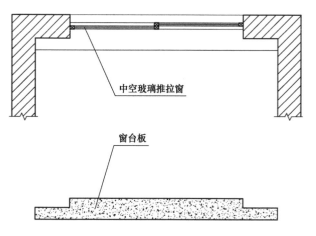

中空玻璃推拉窗

窗台板

图3-2　窗的剖面画法

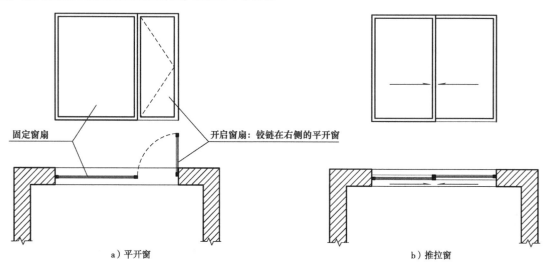

固定窗扇　　　　　　　　　　　开启窗扇：铰链在右侧的平开窗

a）平开窗　　　　　　　　　　　　　　b）推拉窗

图3-3　窗户开启方向的图示方法

3.1.4　门的画法

在装修施工图中，门基本上按实际的断面尺寸进行绘制，一扇标准门的断面为 40×800 的平面矩形。为了表达门在开启时所占用的空间，平面图上要画出门转动时的轨迹。常见门的种类有以下几种（见本书附录 B 常用建筑门窗图例）。

（1）平开门　平开门分单扇门和双扇门，开启的方向分为单向平开和双向平开两种。单向平开门铰链安装在门的一侧，开启方便、密闭性好、噪声小，锁起来也比较容易。双向平开门多用于人流密集、进出频繁的场合。

（2）推拉门　推拉门在开启时不像平开门那样要占用开启的空间，并且可以将门扇完全地隐藏起来（内藏式推拉门）。推拉门的开关并不像平开门那么容易，在轨道上滑动时会产生噪声。多扇式的推拉门通常用来分隔空间。

（3）折叠推拉门　门扇之间以铰链连接，整体在轨道上滑动，优点是开启宽度大，所占空间小。

（4）百叶门　百叶门是专门为了便于空气流通而设计的门。室内百叶门常用于存放衣物的壁柜和卫生间，室外百叶门主要用于遮阳。

（5）防火、防盗门　门扇表面以金属或防火材料制成，开启方式多为平开。

（6）转门　转门分为自动转门和手动转门两种，优点在于不设二道门时具有很好的保温效果，特别适合用在北方人员进出比较频繁的公共场合，如宾馆、饭店和商场等。一般为金属结构。常见的形式是四扇正交的转门。

（7）卷帘门　卷帘分为防火用、防盗用、保温用和装饰用等多种形式，有时用在门上，有时也用在窗上。绝大部分采用金属制成，不论是手动或电动，卷轴都设在上部，并尽可能用装饰造型隐藏起来。

（8）上翻门　一般用于车库，开启迅速、方便。

（9）地弹门　用地弹簧起铰链作用的门称为地弹门，一般为可内外开启的双向平开门。目前常见的有无框玻璃地弹门、不锈钢地弹门及铝合金地弹门等。

3.2　室内设计平面图的内容

3.2.1　表达墙体和墙面装修的形状、厚度、尺寸和位置

墙面装修经常有较大的起伏变化，如壁柜、壁炉、壁龛、壁柱等；还有一些功能性的室内墙面设计也常常带来较大的起伏变化，如具有储藏与短时间坐靠功能的入口处墙面设计，这些都需要在绘制平面图时把造型的平面尺寸和准确位置标注清楚，这对施工定位是极其重要的，如图 3-4 和图 3-5 所示。图 3-6 和图 3-7 是一个起伏变化较大的居室电视墙，其平面图与立面图必须同时给出，看图时一一对照。

3.2.2　表达门窗的位置、大小及开启方向

门窗的位置和尺寸大小，对室内空间的布局、物品摆放，以及地面铺装、天花板造型起着决定性的作用。

1）门是交通的要塞部位，从平面图上不仅可以看到门的开启方向以及门开启时所影响的空间变化，地面材料的变化也与门的大小和位置有关。如卫生间的门，门内地面一般铺贴石材和瓷砖，门外地面有可能铺地板或地毯，两种材料的变化往往以过门石为分界线；在决定门的准确位置时，还要考虑门口（门套）装饰的宽度和门的上部与天花板造型的协调关系。在一个小空间（过厅）中如果同时有几扇门，更要考虑门在开启时是否有相互干涉和碰撞的问题。所以在平面图中，门的定位应该是非常严格

的，建筑图中不精确的门口定位应该在装修图样中加以修正。如图 3-8 所示，厨房的平面图中画出了折叠推拉门的准确位置和尺寸，图 3-9 为装修后的实景照片。

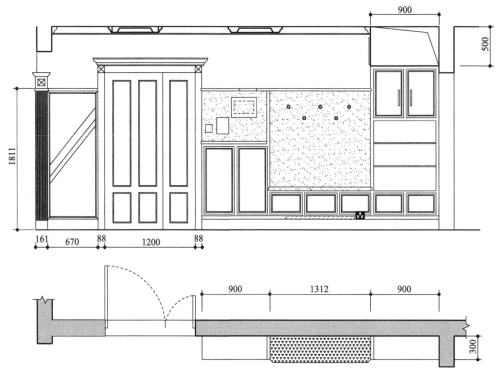

图 3-4　入口处鞋柜平面图、立面图

图 3-5　入口处鞋柜照片（对应图 3-4）

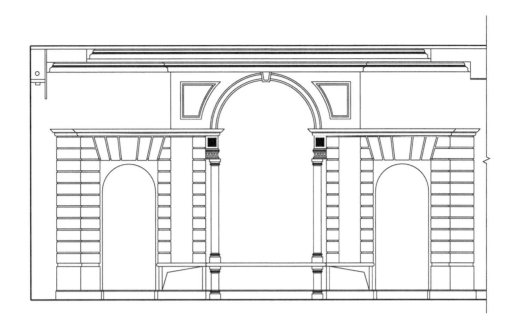

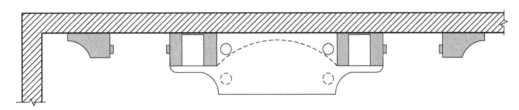

图 3-6　带有壁柱和壁龛的居室电视墙平面图、立面图

图 3-7　居室电视墙照片（对应图 3-6）

2）窗的尺寸和位置在建筑完工后一般不易改动，但如果更换新窗，窗口的形式、窗的开启方向、窗框的分隔等都需要重新考虑。在装修施工图中，应该反映出窗台（窗台板）的宽度和窗台下暖气罩的造型，有些居室装修还会利用窗口两边的空间做一些小隔架（柜），这些小空间的处理在放大的平面图和相应的墙面展开图中都应该表达清楚。

图 3-10 是一间卧室的平面图，重点部位是窗口、窗台和隔板的装修处理，完成后的卧室实景照片如图 3-11 所示。

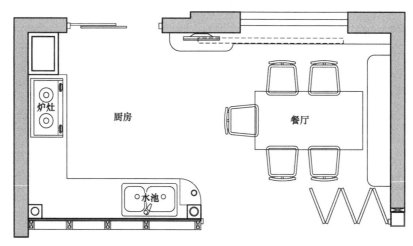

图 3-8　折叠推拉门在平面图中的画法

图 3-9　厨房折叠推拉门照片
（对应图 3-8）

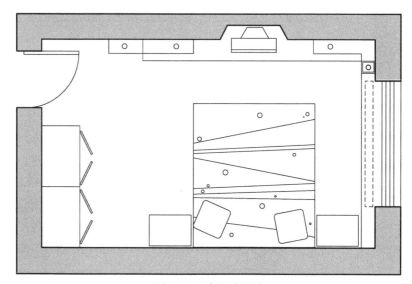

图 3-10　卧室平面图

图 3-11　卧室照片
（对应图 3-10）

3.2.3　家具、设备及装饰物的布置

外购的家具、陈设、设备及装饰品虽然不属于装修工程的范围，但在装修施工图中必须表达清楚，相关的电源、通信、开关、连线等准确定位都应以平面图为准。在实际工程中经常遇到这样的情况：买来的家具摆放后把电源开关挡住了，台灯、电话、计算机、电视等与所留的插头位置对不上；这些都是由于在平面图中没有准确地定位所造成的。图 3-12 为书房平面及电气布局图，现场照片如图 3-13 所示。

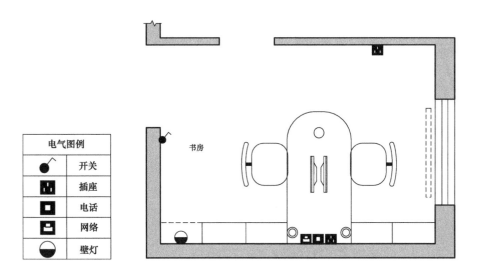

电气图例	
●	开关
■	插座
■	电话
■	网络
◗	壁灯

书房

图 3-12　书房平面及电气布局图

图 3-13　墙面上预留的电器插座

3.2.4　地面的形状、材料及高度

在平面图上应该反映出地面材料、图案设计、标注尺寸、造型和材料名称。有时地面若有高差的变化，还应标注标高符号。对于那些设计较复杂、图案和材料变化较多、内容较丰富的地面，还要单独绘制地面铺装图，专门用来指导地面施工和加工地面材料用。图 3-14 为地面拼花图，也称"拼花大样图"，现场照片如图 3-15 所示。图 3-16 是用来加工地面拼花材料的详图，俗称"开料图"，一般在委托加工石材、瓷砖等时使用。

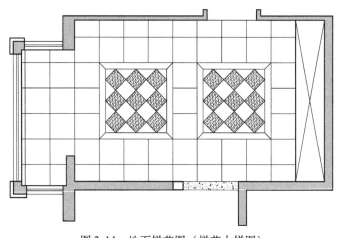

图 3-14　地面拼花图（拼花大样图）

图 3-15　客厅地面铺装照片

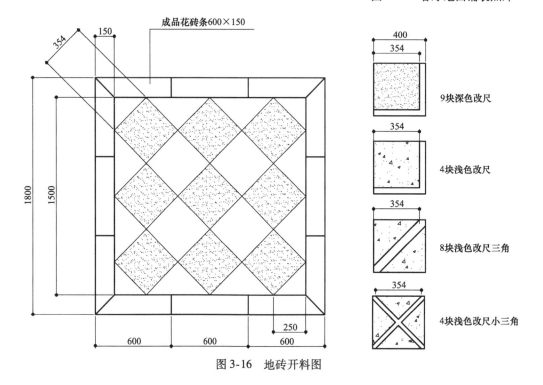

图 3-16　地砖开料图

3.2.5　立面图、墙面展开图的索引标志

平面图不仅是绘制天花板图和墙面展开图的依据，同时也是读懂全套装修施工图的首要环节。在阅读墙面展开图时，要先在平面图中找到相应的图样索引符号，按照索引的编号依次找到对应的图样。如果平面图中没有详图索引标志，一般会在墙面展开图上标注出东、南、西、北等方向的投影名称，如"南墙面展开图"等，可参见第 8 章中的案例一和案例二。

3.3　平面图常用图例和符号

在平面图上表示家具、设备时，一般只画出物品的大致轮廓，一方面由于家具、设备属于成品，具体的样式要在装修完工后配置；另一方面是为了减少画图时的繁琐。家具、设备的平面表示法越简单、特点越鲜明越好。目前常用的家具、设备图例和符号，基本上在 CAD 制图图库里都有，画图时直接调用即可。见本书附录 C 中的常用家具、设备图例。

第**4**章

室内设计天花板图的绘制和阅读

4.1 室内设计天花板图的投影方法

　　室内天花板图是站在屋内向上看，然后把看到的平面图"镜像"过来，相当于三视图中的仰视图；另外一种理解方式是把屋面看成是透明物体，然后从上向下投影所形成的平面图，如图4-1所示。这种特殊的投影方法是为了使天花板图与建筑平面图形成上下一致的对应关系，便于绘图也便于读图。在标注天花板图高度时仍然以室内地面为基准。

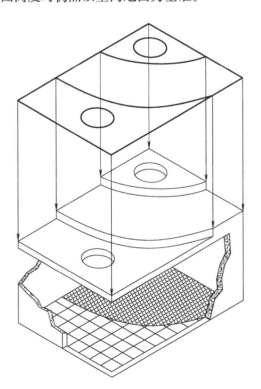

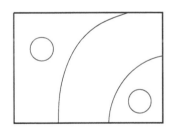

a）从室内向上看到天花板的情形与平面图相反

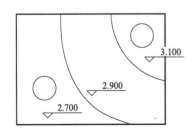

b）从天花板的上面向下投影，也可理解成室
　　内天花板投影的镜像

图4-1　天花板图的投影方法

4.2 室内设计天花板图的内容

4.2.1 形状、位置、高度、尺寸

1. 形状

形状即天花板造型。对于比较复杂的天花板造型，一般在总平面图上不易表达清楚，应该用大比例画出；当遇到曲线和复杂折线时，应单独绘制网格图以便施工放线用。天花板上的灯具一般不画出详细内容，具有装饰效果的灯盘应单独绘制。层次较多的复式天花板或悬浮式天花板可以分别绘制，以方便读图和施工。图 4-2 是用网格绘制的曲线天花板的造型（参见照片中的天花板），施工人员在现场可以在网格上定位多个点，将其光滑地连成曲线。

当多个天花板造型悬挂在不同高度上时，应分别绘制各个层次上的平面图，以便于施工放样，如图 4-3 所示。

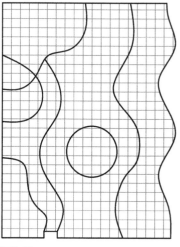

图 4-2　用网格绘制的曲线天花板的造型

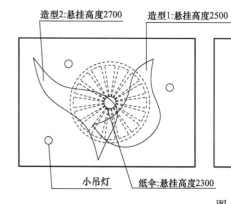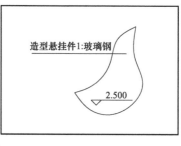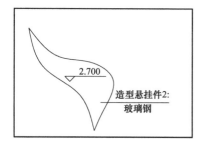

图 4-3　分层绘制的悬浮式天花板

2. 位置

位置是控制天花板造型的一个重要参数。当有一个造型在天花板上重复使用时，造型之间的相对位置对天花板的整体效果将起决定性的作用。例如，用 6 个圆盘作为基本元素做天花板造型，可以做成 2×3 的阵列形式，也可以做成圆周形式；既可以做成 3-2-1 的放射状，也可以按无规则的布朗运动构图。6 个相同的圆由于相互之间的位置不同，就可以创造出多种造型风格。从图 4-4 中可以看出，圆形

天花板的排列方式不同，其尺寸的标注方式也不同，只要能表达出相互的位置关系即可。

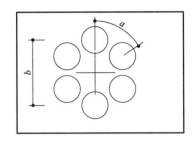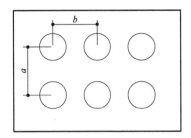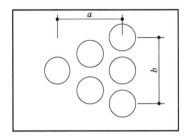

图 4-4　圆形天花板不同位置变化的定位

3. 高度

天花板的高度——标高，在天花板施工图中是一个重要参数，它以装修后的地面高度为基准，标注天花板的高度。在绘制和阅读天花板施工图时，应注意标高与原建筑层高的关系，注意天花板上的各种管道、管线和设备的空间尺寸和位置，避免造型与设备的碰撞和接口不协调。天花板不同的分层都要给出对应的标高符号和数值（见图 4-1）。如果有大型灯具（如吊灯），应注明灯具的高度。

4. 尺寸

尺寸标注时应注意两个概念：一个是定形尺寸，另一个是定位尺寸。定形尺寸主要是标注造型的轮廓和形状，定位尺寸是标注造型相对基准点的位置和与其他造型的相互位置关系。这两种尺寸缺一不可，如图 4-4 所示。

4.2.2　材质、工艺标注

材质及其工艺标注（文字）是施工图必不可少的内容，这一环节是无法用线型和图画来代替的。有时候一幅画代表着千百个字，有时候一句话就能解决复杂的技术问题。例如，在标注棚角线时写道"40 成品榉木角线，本色亚光清漆三道"，这十几个字即可把棚角线的材料、规格、色彩和工艺要求写得清清楚楚。材料——榉木角线，规格——40mm 成品，色彩——木本色，工艺要求——亚光清漆三道。由此可见，文字的标注应包含以下四项内容：

1）装修的材料名称。

2）构件（成品）的名称和规格。

3）表面色彩。

4）施工工艺或技术要求。

一个成熟的设计师在施工图标注中会表现出他丰富的经验和思考问题的周密性，给读图、施工和工程预算带来极大的方便。

图 4-5 和图 4-6 是一个卫生间的天花板施工图及完成后的照片。

4.2.3　照明灯具及天花板上的设备

同济大学来增祥教授曾风趣地说过"天花板是室内高科技设备的一张皮"；这确实说明了在天花板的背后隐藏着多种科技含量高、技术先进、功能复杂的现代化设备、管线、仪器等。一般有照明系统、空调系统、广播通信系统、监视系统、消防（报警、喷淋和防火卷帘）系统等。特殊的场合可能还会有更高级的设备和功能藏在天花板中。在施工图设计中，将具有特殊风格和美学要求的天花板造型与这些高科技设备完美地协调在一起是一件很难的事。功能与美观、技术与艺术的完美结合在这里得到了充分的体现。在阅读天花板施工图时，首先要弄懂各种符号所代表的内容，其次要注意这些设备接口与装饰造型的关系，必要时应画出设备、管线综合图，以便分析和了解各种设备之间的关系。表 4-1 中列出了常用设备在天花板图中的表示方法。

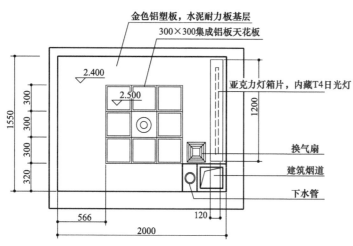

图 4-5 卫生间天花板施工图

图 4-6 卫生间天花板照片（对应图 4-5）

表 4-1 常用设备在天花板图中的表示方法

设 备 类 型		图 示 方 法
天花板设备	排风口/换气扇	
	空调风口	
	烟感器	
	消防自动喷洒	DN25
	淋浴喷头	
	防火卷帘	
	扬声器	
	摄像头	
天花板灯具	日光灯	
	吸顶灯	
	筒灯	
	内藏日光灯	
	花灯	

4.3　天花板图的表达方法

1. 平面式天花板

所谓平面式即天花板的整体关系基本上是平面的，表面上无明显的凹入和凸起关系。其装饰效果主要靠分格线、装饰线、质感和色彩等手法来实现。这种天花板构造简单，一般不用在重要场景和面积过大的空间中。常用的做法有轻钢龙骨石膏板大白平顶、方块石膏板和矿棉板天花板、金属烤漆扣板和格板天花板、金属隔栅天花板、也有用木板做平顶的装饰方法，如图 4-7 和图 4-8 所示。

a）轻钢龙骨石膏板大白平顶

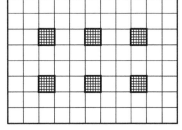
b）方块石膏板和矿棉板天花板

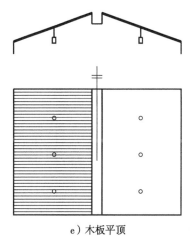

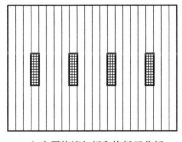
c）金属烤漆扣板和格板天花板

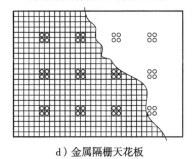
d）金属隔栅天花板

e）木板平顶

图 4-7　平面式天花板图的画法

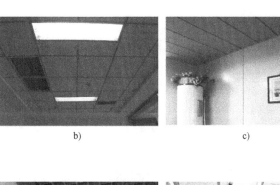

a）　　　　　　　　　b）　　　　　　c）　　　　　d）　　　　　e）

图 4-8　平面式天花板照片（对应图 4-7）

2. 凸凹式天花板

凸凹式天花板是通过主、次龙骨的高低变化将天花板做成高低不平的立体造型，高差一般控制在50～500mm之间，也称为分层天花板或复式天花板。这种天花板应用非常普遍，特别是当建筑空间有梁或设备管道时多选用分层天花板。天花板分层的数量可多可少，选用的材料也多种多样，根据平面的构图和空间整体造型来设计，如图4-9和图4-10所示。

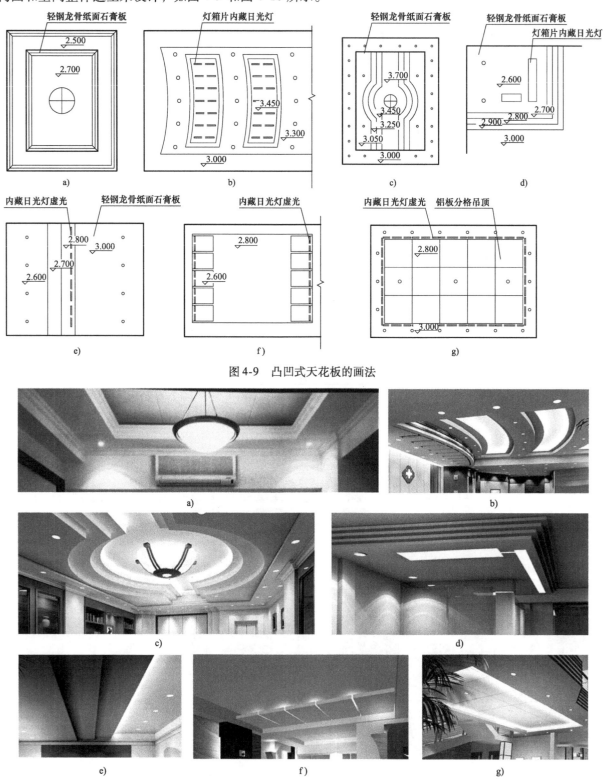

图4-9　凸凹式天花板的画法

图4-10　凸凹式天花板照片（对应图4-9）

3. 悬浮式天花板

悬浮式天花板是将多种形状的平板、折板、曲面板或其他装饰构件、织物等悬吊在天花板上，施工中可将悬浮构件预先加工完成，然后悬挂在天花板上。悬浮式天花板造型比较灵活，为天花板上的管线和设备维修提供了方便，如图 4-11 和图 4-12 所示。

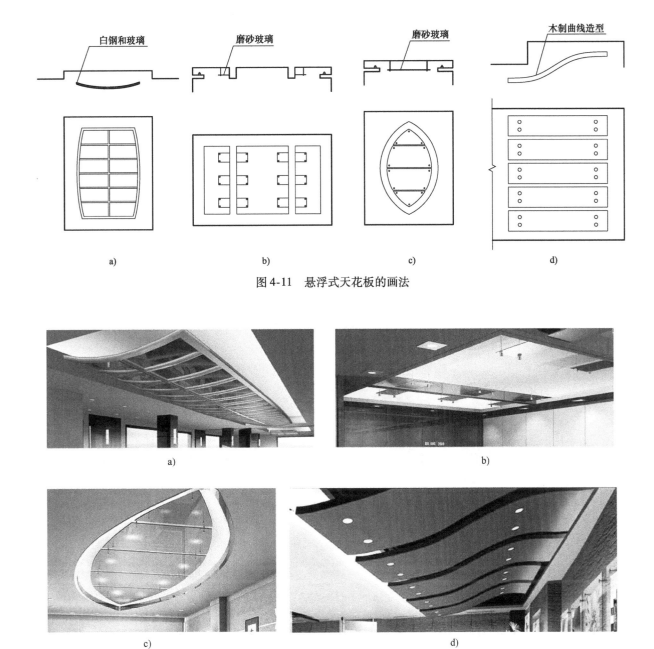

图 4-11　悬浮式天花板的画法

图 4-12　悬浮式天花板照片（对应图 4-11）

4. 井格式天花板

井格式天花板多半利用建筑井字梁的原有空间关系，在井格的中心和节点处设置灯具，与中国传统的藻井天花板极为相似，这种样式多用在大厅和比较正式的场合，如图 4-13 和图 4-14 所示。

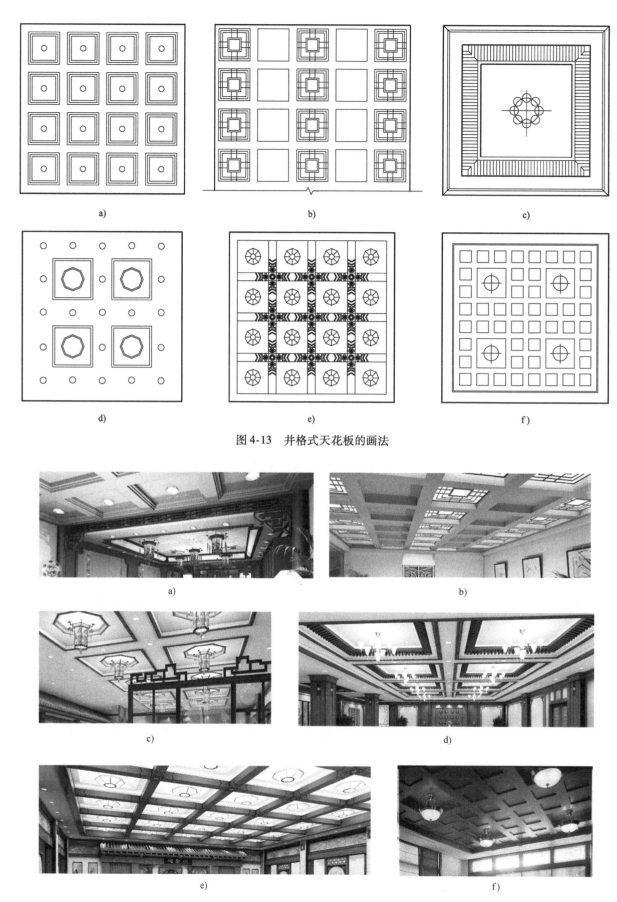

图 4-13 井格式天花板的画法

图 4-14 井格式天花板照片（对应图 4-13）

5. 发光式天花板

将灯具藏在磨砂玻璃、软膜或半透明树脂材料的后面，使大块的天花板均匀发光，具有顶部采光的感觉。如果配合工艺彩色玻璃，更能增添温馨和浪漫的色彩。一般会在施工图中用虚线画出灯具的位置和数量，并配以剖面图，如图 4-15 和图 4-16 所示。

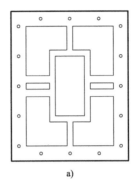 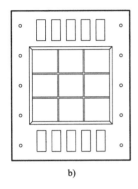 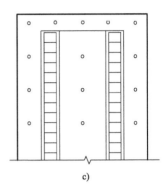 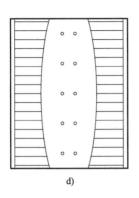

a)　　　　　　　　　b)　　　　　　　　　c)　　　　　　　　　d)

图 4-15　发光式天花板的画法

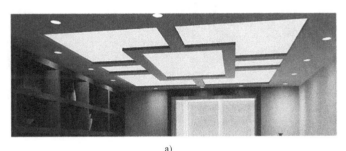 

a)　　　　　　　　　　　　　　　　b)

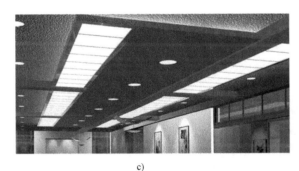 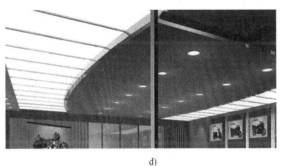

c)　　　　　　　　　　　　　　　　d)

图 4-16　发光式天花板照片（对应图 4-15）

6. 构架式天花板

模仿传统木结构民居的屋顶檩条、横梁，追求原始、朴实的乡土气息，与之相匹配的灯具可选择纸灯、木制灯和仿制油灯等。构架式天花板造型不一定照搬原始民居的构造材料和尺寸，应结合现代材料和工艺进行设计。在施工图中应按照木结构的尺寸绘制，并配以节点大样详图和剖面详图，如图 4-17 和图 4-18 所示。

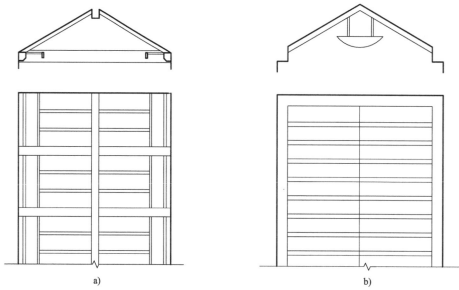

图 4-17　构架式天花板的画法

图 4-18　构架式天花板照片

7. 自由式天花板

自由式天花板是指形式上具有多变性和不定性的天花板。曲面、曲线和弧面是较常用的手法，错落、扭曲和断裂也是常见的造型形式，当有不规则造型和图案出现时，应在图样中补充轴测图或透视图，加以说明和示意，如图 4-19 所示。

图 4-19　自由式天花板照片

8. 穹顶式天花板

穹顶式天花板以球面或弧面造型为主，在文艺复兴时期的欧洲教堂建筑中最为常见，这种形式可以使天花板看起来更具有高度感（造型空间必须有足够的尺寸）。绘制施工图时务必与立面图和剖面图配合，如图 4-20 所示。弧形材料定制时，还需按加工要求绘制弧面展开图。

图 4-20　穹顶式天花板照片

图 4-21　细部雕刻的天花板

9. 雕刻式天花板

对于许多比较低矮的住宅空间（净高 2500~2600mm），做任何形式的天花板都不合适。但是如果不做任何造型装饰又会让人感觉天花板过于简单。最佳的解决方案是选用有雕刻工艺的灯盘或天花板装饰板。雕刻工艺可以使整个天花板看上去有一些细部，灯盘的厚度又不大（10~80mm），不会使空间有压抑感。在天花板施工图样上，应根据细部的复杂程度画出详细的大样图，如图 4-21 和图 4-22 所示。

图 4-22　雕刻式天花板照片（对应图 4-21）

第5章

室内墙面施工图的绘制和阅读

5.1 室内墙面图的表达方法

　　室内墙面展开图相当于人站在房间的中央，向四周看去时得到的正投影图。当墙面的装饰不是很复杂（没有太大的凸凹变化）或者墙面形状比较平坦（没有弧形或曲面）时，正投影图就足以把墙面的设计内容表达清楚；当墙面形状变化比较大（有大的凸凹变化或曲线变化），正投影图无法把墙面的设计内容表达清楚时，就采用一种展开的方式将墙面连续地绘制出来，我们把这种表达方法叫作墙面展开图。

5.1.1 室内墙面投影图

　　当一个墙面有垂直的转折面（如壁柱、壁柜、管道井等）且造型与主墙面没有太大区别时，这些转折面在投影图中会聚集成一条线。墙面施工图中一般不单独绘制这些转折面。用正投影方法就可以把墙面的设计内容表达清楚，如图5-1和图5-2所示。

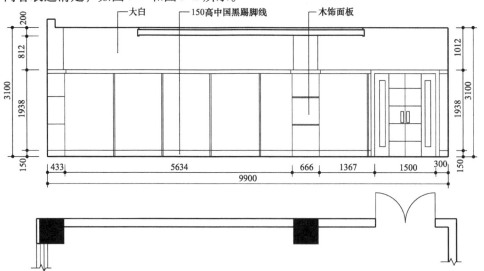

图5-1　墙面装修设计投影图

图 5-2　墙面装修设计效果图

5.1.2　室内墙面展开图

当一个墙面的转折面尺度比较大或者墙面不是平面时，用正投影方法就很难把墙面的设计内容表达清楚，于是就采用连续展开的方式绘制墙面施工图，这种投影方法的优点是能够完整地表达出墙面的装饰内容和设计尺寸，对施工放线和计算材料用量十分方便，如图 5-3 所示。

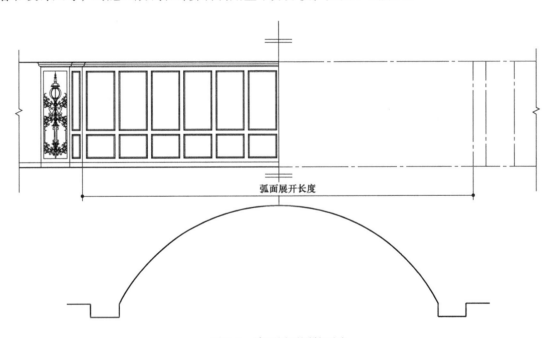

图 5-3　墙面展开图的画法

5.2 室内家具及陈设在立面图上的表达

家具和陈设与整个室内环境是密切相关的，家具和陈设的位置、尺寸影响着整体空间设计。在立面图上表达家具的轮廓和样式，与界面造型及电气接口等有着直接的关系。

5.2.1　靠墙固定家具的表达方法

在绘制墙面图样时必须考虑家具对墙面造型的影响，特别是当家具靠在墙上时，家具的端面和轮廓线对墙面的造型、图案以及分隔方式会产生重大的影响。有些大面积的家具如果固定在墙面上，那么这一区域的墙面装饰实际上是不存在的，这一部分的装饰材料就可以节省下来。在实际工程中，经常会遇到墙面造型与靠墙的家具不协调的问题。有可能是已经装修好的墙面被家具挡住，造成不必要的浪费；也有可能是家具的端面和轮廓与墙面造型发生了矛盾。所以在绘制施工图时，要求靠墙的固定式家具必须在墙面施工图中反映出来。图 5-4 中列举了一组转角酒吧在墙面施工图上的画法。

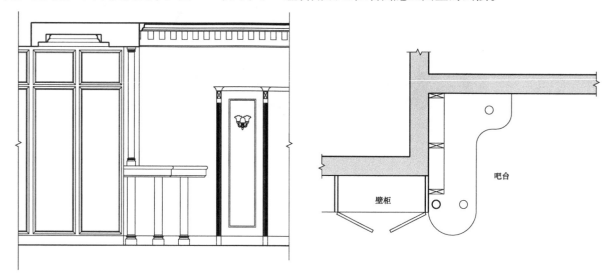

图 5-4　转角酒吧在墙面施工图上的画法

5.2.2　不靠墙家具的表达方法

装修施工完成后，业主还要外购一些家具摆放在屋子中，作为一个负责任的设计师必须考虑到这方面的问题。像沙发、矮柜、床这类家具离墙的距离都很近，在对墙面进行设计时必须考虑其对墙面的影响，避免家具摆放后产生不协调。在绘制施工图时，应该把距离墙面很近的家具画上去，或者画出它的外轮廓（可用虚线表示）。图 5-5 为一侧摆放家具的标准客房墙面施工图的画法。

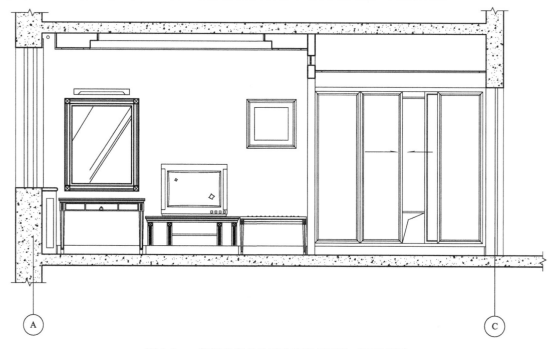

图 5-5　一侧摆放家具的标准客房墙面施工图的画法

5.3 墙面装饰造型的表达

5.3.1 门

门的画法除了要按加工的实际尺寸绘制外，应尽可能地表达出门的装饰细部和材料。一般的实际装修项目需要绘制装饰性木门的施工图，而金属门窗、防盗门、防火门等都由专业厂家设计加工。图 5-6 中列举了一些常见门扇的立面图画法，绘制施工图时还要给出门的剖面图和大样节点图。

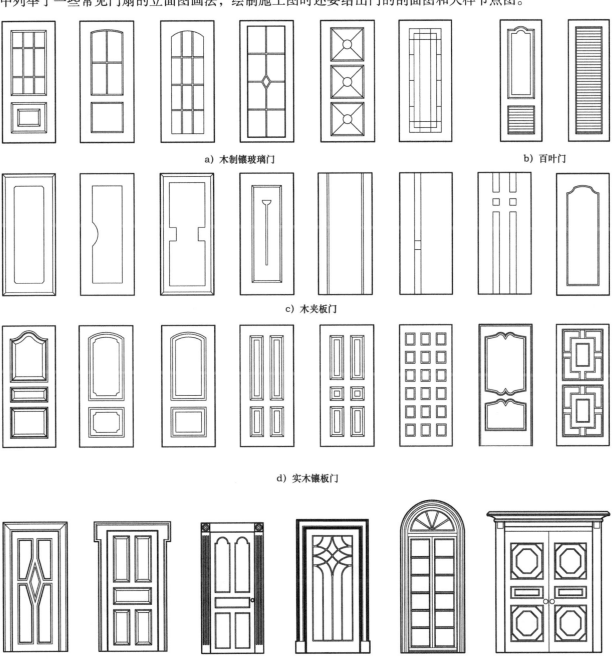

a) 木制镶玻璃门　　　　　　　　　　　　　　　　b) 百叶门

c) 木夹板门

d) 实木镶板门

e) 欧式木门

图 5-6　常见门扇的立面图画法

5.3.2 窗

除了对旧建筑的改建之外，一般的新建筑都已根据建筑设计完成了外墙窗扇的制作。在室内装修施工图中一般会省略外墙窗扇的画法，对改造或新增的窗扇则应根据相应的设计画出准确的施工图样。必要时应该给出剖面大样图和节点图。图5-7中列举了一些常见窗的立面图画法。

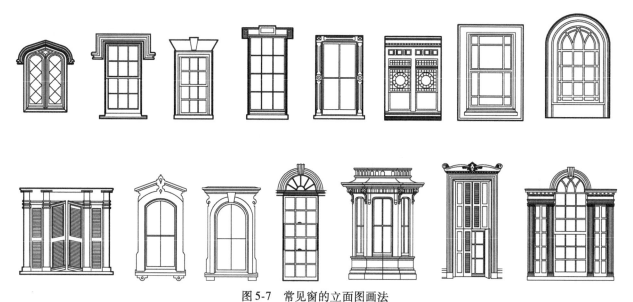

图 5-7　常见窗的立面图画法

5.3.3 壁柱

壁柱是一种建筑结构在墙面上形成凸起的特有形式，在室内装修中也是一种需要特殊处理的元素。壁柱中有一些是用来隐藏管道、管线和设备而形成的"假"墙垛和壁柱，还有一些是为了构图的需要或满足美学要求而设置的装饰性壁柱。在室内装修施工图中，应配合壁柱的剖面图绘制壁柱的立面图。对于造型复杂的壁柱应单独给出大样图。图5-8中列举了一些古典式壁柱的立面图画法。

图 5-8　古典式壁柱的立面图画法

5.3.4 壁龛、壁炉

壁龛和壁炉一般都有凹入墙体的部分，在绘制立面图时，必须配合相应的剖面图来表达凹入的空间尺寸。图 5-9 中列举了一些常见壁龛和壁炉的立面图画法。

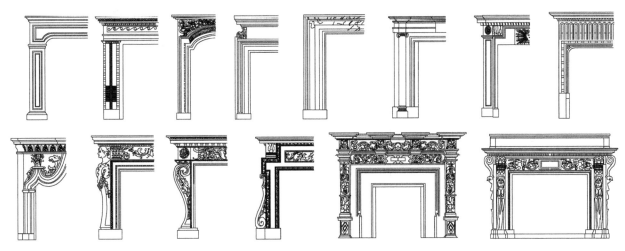

图 5-9 常见壁龛和壁炉的立面图画法

5.3.5 柜体

1. 壁柜

壁柜图一般与墙面展开图同时绘制，柜体的深度应在平面图中标注出来。柜内的隔板和抽屉等可以用虚线表示，如果比较复杂，应单独绘制一张内部隔板与抽屉的详图。图 5-10 为壁柜的画法。

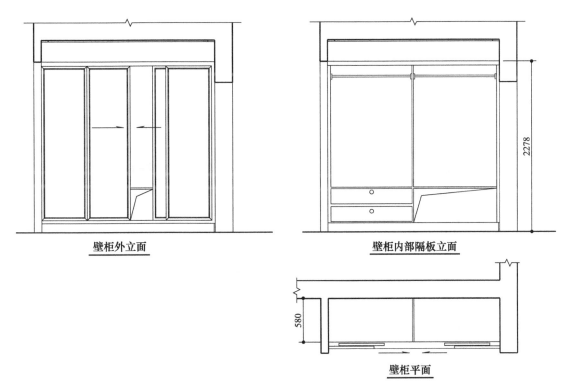

图 5-10 壁柜的画法

2. 橱柜

橱柜图一般与普通的墙面展开图绘制方法没有什么不同，但由于它的功能和设备比较多，细部尺寸应该非常准确，必要时可以把相关设备（电气设备、各种拉篮、储物架等）一并画出。图 5-11 为橱柜的画法，图 5-12 为橱柜的照片。

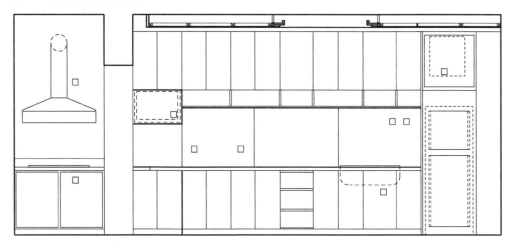

橱柜立面图

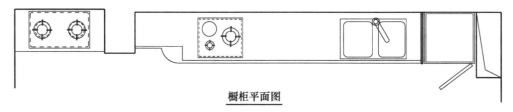

橱柜平面图

图 5-11　橱柜的画法

图 5-12　橱柜照片

3. 吊柜

吊柜在平面图中用虚线表示，在展开图中要画出它的实际尺寸和形状。图 5-13 为吊柜的画法。

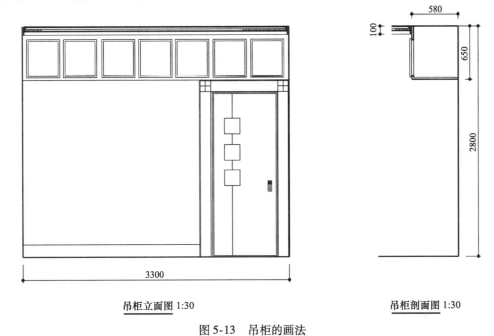

吊柜立面图 1:30　　　　　　　　　　　　　吊柜剖面图 1:30

图 5-13　吊柜的画法

5.4　独立装饰造型的表达

5.4.1　柱

柱在室内空间中是一个独立的元素，要单独绘制。由于柱体的尺寸不是很大，并且装饰细部较多，一般用大比例绘制。特别是柱体的剖面图和节点，更应该详细地表达清楚。图 5-14 为六种柱的画法，图 5-15 为相应柱的照片。

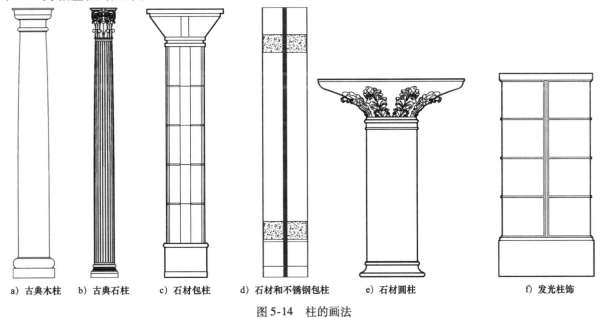

a) 古典木柱　　b) 古典石柱　　c) 石材包柱　　d) 石材和不锈钢包柱　　e) 石材圆柱　　　　　f) 发光柱饰

图 5-14　柱的画法

a) 古典木柱照片

b) 古典石柱照片

c) 石材包柱照片

d) 石材和不锈钢包柱照片

e) 石材圆柱照片

f) 发光柱饰照片

图 5-15　柱的照片（对应图 5-14）

5.4.2　隔断

　　隔断是独立的装饰物，其样式（高度、宽度等）与隔墙不同，如玄关、屏风、工艺品格架等，在施工图中应单独绘制。这类装饰物往往具有双向观看的效果，当隔断不是对称形式时，正反两面都要画出来，并给出必要的剖面图和详图。图 5-16 为一个带有鞋柜、衣帽挂、座椅和储物格等多种功能的玄关的画法。

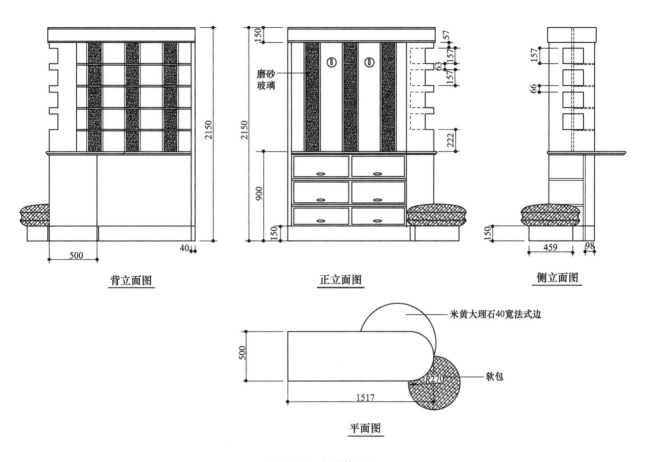

图 5-16　玄关的画法

5.4.3　楼梯、扶手

　　楼梯和扶手是室内装修中的特殊构件，它们有时与墙体连在一起，有时独立设置。一般情况下，楼梯和扶手要单独绘制并给出大样图。构造新颖、特别的楼梯扶手还要画出详细的节点图。图 5-17 为常见木质楼梯扶手的画法。

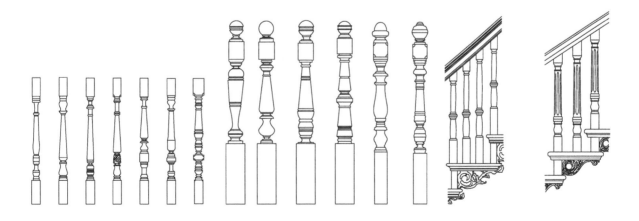

图 5-17　木质楼梯扶手的画法

5.4.4 柜台、吧台

柜台和吧台是室内装修中独立的装饰物，像商场的柜台、银行柜台、宾馆服务台、迎宾台、吧台等，造型及工艺都比较复杂，必须单独绘制，并画出相应的大样图和节点图。图 5-18 为柜台和吧台的画法。

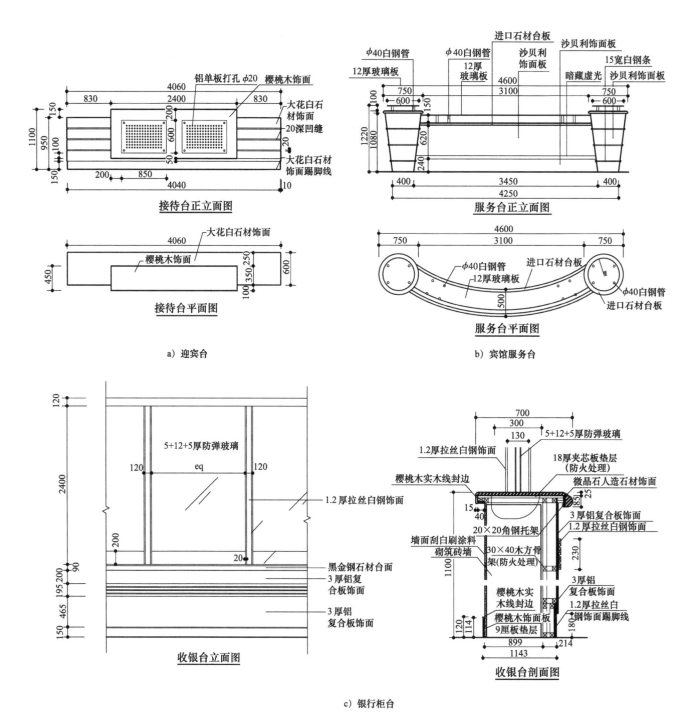

a）迎宾台

b）宾馆服务台

c）银行柜台

图 5-18 柜台和吧台的画法

5.5 装饰材料的表达

在墙面施工图中，材料的表达一般靠文字说明，但有些材料的纹样、分格方式等还需要在施工图上表达清楚。在绘制和阅读施工图时，常规的画法和标注方法会使问题得到简化。

5.5.1 木材

（1）木纹的拼贴　木纹在墙面上的做法分为横纹和竖纹，当采用横纹与竖纹拼花时，施工图上要示意性地画出横纹和竖纹的方向，如图 5-19 所示。一般木纹夹板的尺寸最长为 2400mm，超过这个尺寸的木纹夹板对接时容易出现问题，在图样上要画出木纹接缝处的处理方法，如开槽、压条或与其他材料套做等。

（2）地板　铺设地板的首要问题是决定地板的铺设方向（横铺和竖铺），由于地板的面积比较大，所以在局部示意性地画出地板的铺设方向就可以了。有一种用地板木材颜色深浅和纹理变化进行地面拼图的工艺，从欧洲 18～19 世纪开始就非常流行，这就要求设计师画出地面拼图的详细大样。

图 5-19　木纹的立面图画法

5.5.2 石材

石材在立面上的表达方法一般为用文字注明，不必画出详细纹理。但有些不规则的、奇形怪状的毛石墙面，设计师应该画出大样图，避免施工人员在施工时把握不好形状和尺度。图 5-20 为毛石墙面的四种画法。

5.5.3 玻璃

1. 玻璃

透明的无色玻璃在施工图上不需要特殊表示，像玻璃门、玻璃隔断上的彩色玻璃、雕花玻璃、磨砂玻璃、立线或铜线玻璃等，应画出大样图甚至彩色图，便于定制和加工。图 5-21 为彩色玻璃的画法。

2. 镜片

镜片与玻璃的表达方法基本相同，习惯上在镜片区域内添加斜线以表示光亮。

5.5.4 瓷砖

瓷砖主要用在卫生间和厨房等场所，在绘制施工图时要画出瓷砖的尺寸及分格方式。当房间内有较多转角时，应注意选择瓷砖的宽度，尽量避免墙面和地面中出现窄条和碎块的瓷砖。

5.5.5 窗帘

窗帘一般由专业厂家加工，施工图上只要画出窗帘的样式和基本尺寸就可以了。图 5-22 为各种窗帘的画法。

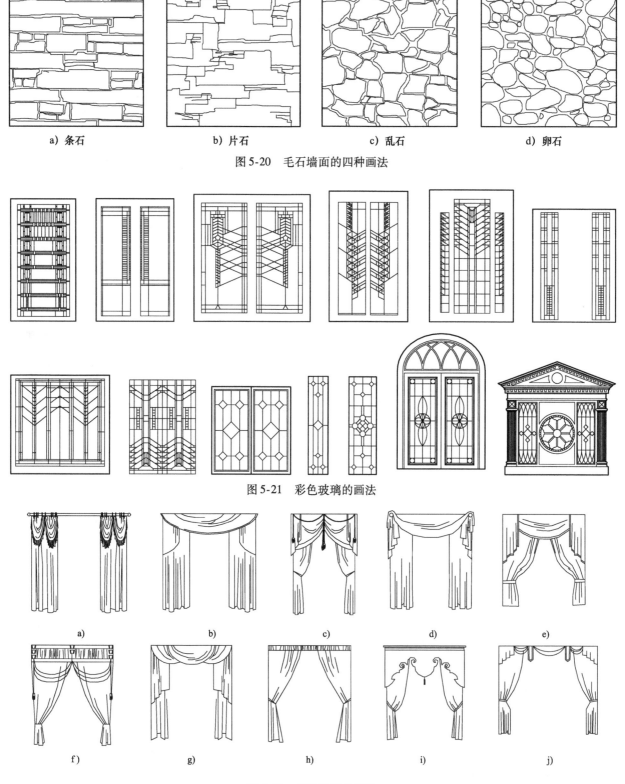

a) 条石	b) 片石	c) 乱石	d) 卵石

图 5-20 毛石墙面的四种画法

图 5-21 彩色玻璃的画法

a)	b)	c)	d)	e)

f)	g)	h)	i)	j)

图 5-22 各种窗帘的画法

第**6**章

剖面图的制图特点和阅读方法

6.1.1 全剖面图

1）用一个剖切平面将物体全部剖开，也叫 1/2 剖，如图 6-1a 所示。

2）用两个以上的平面在物体需要剖开的位置上剖开，也有人称它为转折剖，如图 6-1b 所示。

3）对于有轴心的物体进行剖切，剖切平面可以绕轴心转动，这种剖面形式称为旋转剖，如图 6-1c 所示。

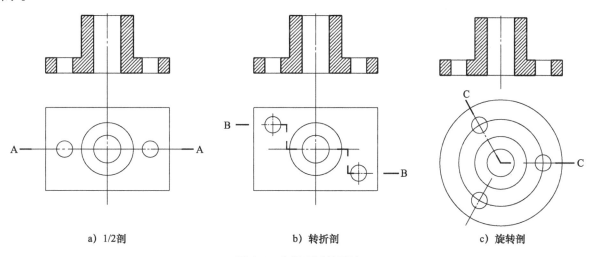

a）1/2 剖   b）转折剖   c）旋转剖

图 6-1 全剖面图的画法

6.1.2 半剖面图

对于一个左右对称的物体，剖开四分之一就可以把物体内部的形式表达清楚，没有剖切到的部分仍然能保留物体的外部轮廓，这种剖切方法称为半剖，或 1/4 剖，如图 6-2 所示。

6.1.3 局部剖面图

当物体只需要显示局部构造，并且保留原物体其余部分的形状时，采用局部剖。局部剖的位置和深度可以灵活掌握，通常分多层剖切，以便清楚地表达物体的内部构造和材料。原物体与剖面之间可用徒手画出的波浪线分界，如图6-3所示。

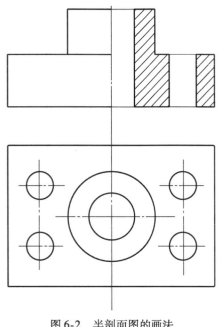

图6-2 半剖面图的画法

图6-3 局部剖面图的画法

6.1.4 断面图

断面图的剖切原理与剖面图完全一样，不同点在于它只画出物体被剖切后所形成的断面轮廓，投影为断面实形。

断面图可以在剖切位置上旋转90°，画在图形的内部，也可放在图形的外边，但不要忘记标注剖切位置符号，如图6-4所示。

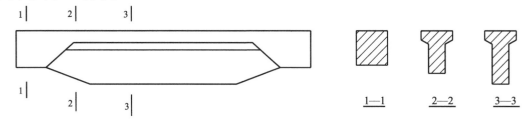

图6-4 断面图的画法

6.2 剖面图图例

绘制和阅读剖面图，必须学会各种材料剖面的表达方法。对各种材料的剖面，国家制图标准作出了相应的规范，称为剖面图图例。见本书附录D常用建筑及装饰材料图例。

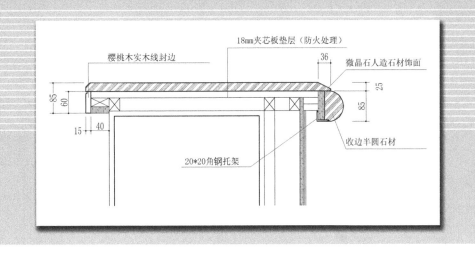

第7章

节点及大样图的制图特点和阅读方法

7.1 节点及大样图的形成和图示方法

7.1.1 节点及大样图的形成

在室内设计的方案阶段，通常用平面图、立面图和剖面图并配合效果图即可表达设计的意图和概况。进入深化设计阶段后，尤其是在施工图设计环节，详尽、深入的细部设计就变得非常重要，用来表达设计细部的图样统称为详图。详图也称为大样图，是因为它使用大比例绘制。常用的大样图有以下两种：

（1）局部大样图　局部大样图是将某些需要进一步说明和图示的部位，单独抽取出来进行大比例绘制的图样，一般侧重于形状和样式的表达。如地面的拼花图案、精致的天花板造型、立面装饰细部等。

（2）节点大样图　节点，是指构造和材料在对接、转折、变换、端头、收口等处形成的特殊部位。常言道"编筐窝篓，全在收口"，装修工程最重要的就是收边收口工作，所以节点大样图对于完成一个优质工程是至关重要的。节点大样图就是绘制大比例的细部构造和工艺图，一般需结合剖切视图来表达。绘制节点的剖面图称为剖面节点大样；如果只是表达节点构件的断面形状和尺寸，则可给出断面大样图。

7.1.2 节点及大样图的图示方法

（1）大样图的索引　在需要绘制局部大样图的部位用一个圆圈（俗称吹气球）圈住，圆圈的大小基本上圈住想要放大的范围，圆圈用细实线或虚线画（如果使用圆圈不合适，也可用矩形框）；在圆圈的合适位置做引出线（引出线垂直于圆周），引出线的外端为索引代码圈，圈内上半部注写大样图名称代码，圈内下半部注写该大样图所在的图样页码，也就是告诉看图人到哪里去找这个大样图，如图7-1所示。如果剖面图就画在本张图幅内，图样页码不用注写，或用一横线表示。$\frac{2}{-}$表示剖面图在本图样页内；$\frac{2}{5}$表示剖面图不在本图样页内，可按索引提示的页码到相应的图样中查找大样图。

（2）大样图的比例　为了清楚地表达细部的构造和工艺要求，要选择足够大的绘图放大比例。施工图经常选用1:1的比例来绘制大样图（俗称足尺大样），精度要求非常高且尺寸较小的构造和工艺，

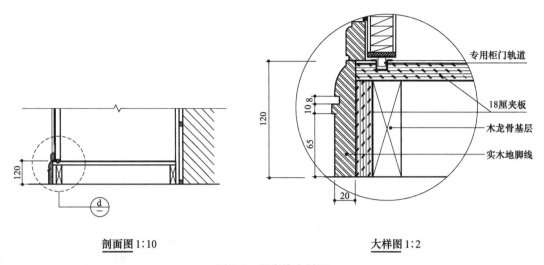

剖面图 1:10 　　　　　　　　　大样图 1:2

图 7-1 　踢脚线大样图

比例还应加大，如 2:1、5:1 等。

（3）节点的选择。

1）节点的选择要有代表性。选择的构造大样必须对建筑施工至关重要，其工艺和技术必须透彻地表达清楚。

2）节点的选择应侧重非标准构造或材料，因为国家标准和地方标准已经颁布了有关建筑和装修的通用节点图，如台阶、散水、女儿墙等，这类节点图可以查阅施工图标准图集。

3）节点图应准确、清楚地标示出各部分相关内容，尤其是细部关系。若构造复杂，还要再次放大节点图。

（4）节点图示的内容。

1）细部尺寸。节点大样图应标注精确的尺寸，必要时应给出误差要求，以保证施工质量。

2）材料标注。节点大样图的材料标注应符合图例要求，并配有详细的文字说明。

3）构造和工艺。在节点大样图中应提出对构造和工艺的要求，如施工的顺序、安装方法、定位基准以及与相关专业配合的技术问题等。

4）应标注索引符号和编号、节点名称和制图比例。

7.2 节点及大样图的阅读和制图特点

7.2.1 节点及大样图的阅读

无论是学生、设计师，还是工程技术人员，要先学会读懂施工图，而施工图中最难读懂的就是大样图。在学习绘制大样图之前，先要读懂大样图，经过读图、临摹、参照，再到现场实践，最后就能熟练绘制大样图了。读图应注意的事项有：

1）看图必须由大到小，由总体到局部，再由局部到细部。例如，看建筑图时，先看总平面图，再看各楼层平面图，并且要与立面图、剖面图结合起来看，最后看大样图。

2）图纸中除了图样以外，还包括图注、图标、符号、文字说明等。单凭图样还远远不能表达清楚设计的全部内容。例如，物体的尺寸，不能在图样上度量或估计，必须根据尺寸标注来定位、加工和安装。图注中的尺寸不详、不全是初学者常犯的通病。

3）凡在图样上无法表示，而又直接与工程技术相关的要求，都可以用文字说明表达出来。

4）常用图例对大样图是非常重要的，设计人员必须记牢，因为这种符号已成为设计人员和施工人员的共同语言，关于通用的图例可参考《建筑设计资料集》，本书附录 A、附录 B 和附录 C 是室内设计和景观设计常用图例。对不常用的符号，在图样上均附有解释（一般制作成图表），可以在看图前先行查看。

5）大样图的索引关系一定要仔细对照，一项复杂的工程图样量很大，多数详图都不在本页或本册图样中，看图时务必按照索引和编码查找大样图的位置。复杂的构造节点可能一次放大样还不能充分表达清楚，还要再次放大，这时的大样图就有了层次关系，索引关系务必要弄清，避免张冠李戴。

7.2.2　节点及大样图的制图特点

（1）线型　局部大样图在将图样放大后，如果还使用原图的线型，会让人感觉单薄、空旷，应将图线加粗，以便于识图。对于无规则的曲线放大样，应采用网格定位法，网格为细实线，图样要用粗实线（见图 7-2）。剖面节点大样图中的剖面、断面的轮廓线为粗实线，剖面、断面轮廓内的材料图例为细实线（参见附录 D 常用建筑及装饰材料图例），粗实线的宽度应根据图样的复杂程度和比例大小而定，线宽的尺寸一般遵循下列原则：假设粗实线的线宽为 b，中实线的宽度则为 $2/3b$；细实线的宽度则为 $1/3b$。

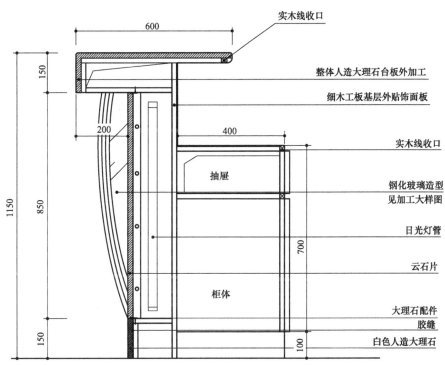

图 7-2　节点图的线型

（2）比例　大样图的比例的大小取决于细部的复杂程度，以能看清构造、材料及工艺为准。必要时采用 1:1 比例的足尺大样。对于精细部件的加工和装配图可用放大比例绘制，如 2:1 等。

（3）重叠材料标注方法　建筑物的地板、楼板和屋面等结构，都是由多种材料一层压着一层铺筑起来的，它们的间隔很紧凑，在其内部标注尺寸和画断面材料符号很困难。标注这些重叠材料层的方法一般如图 7-3 所示。用一根竖线穿过所要表示材料的叠层，在外露的竖线上引横线，材料有几层，横线就画几道。最上边的横线内写上最上边材料的名称、规格及厚度，然后依次向下标出对应层材料的名称、规格及尺寸。

（4）标注材料名称、工艺要求　材料名称是选材的依据，直接影响到购料、造价和工程品质。如果标注含糊不清，就失去了详图的意义，如"石材饰面""木饰面"等。石材的种类繁多，有大理石、花岗石、人造石，而且每一种石材还分多个花色和品牌，应写出具体名称，如"西班牙米黄大理石""樱桃木胶合板，半亚光聚酯漆"等。

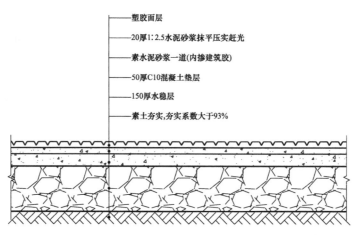

图7-3　重叠材料标注方法

7.3 常见装修大样图

（1）踢脚大样图　常见的踢脚大样图如图7-4所示。

（2）棚角大样图　常见的棚角大样图如图7-5所示。

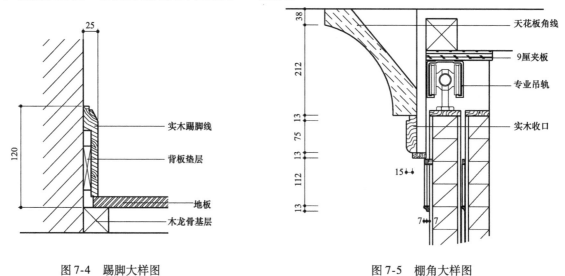

图7-4　踢脚大样图

图7-5　棚角大样图

（3）门套大样图　常见的门套大样图如图7-6所示。

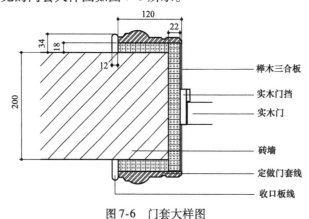

图7-6　门套大样图

（4）台面大样图　常见的台面大样图如图 7-7
所示。

（5）过门石大样图　常见的过门石大样图如
图 7-8 所示。

（6）虚光槽大样图　常见的虚光槽大样图如
图 7-9 所示。

（7）石材收边大样图　常见的石材收边大样图
如图 7-10 所示。

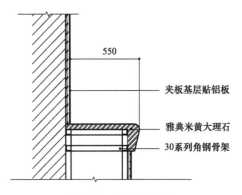

夹板基层贴铝板
雅典米黄大理石
30系列角钢骨架

图 7-7　台面大样图

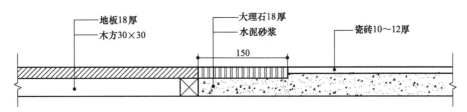

图 7-8　过门石大样图

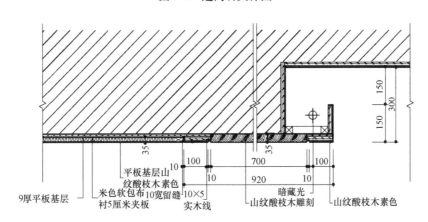

图 7-9　虚光槽大样图

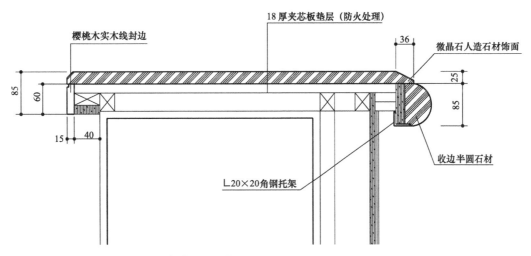

收银台石材收边

图 7-10　石材收边大样图

第 **8** 章

室内装修施工图设计案例

8.1 室内装修施工图设计案例一

图样目录

序　号	名　　称
1	墙体现状及改动图
2	平面、电气图
3	天花板平面、灯位图
4	地面图
5	餐厅及厨房平面图
6	餐厅及厨房天花板图
7	餐厅东立面图
8	厨房西立面图
9	厨房北立面图
10	入口处鞋柜立面图
11	入口处东立面图
12	客厅南立面图
13	客厅北立面图
14	客厅东、西立面图
15	主卧室
16	主卧室立面图
17	书房
18	主卫生间
19	主卫生间立面图
20	小卫生间
21	节点大样图
22	客厅天花板图

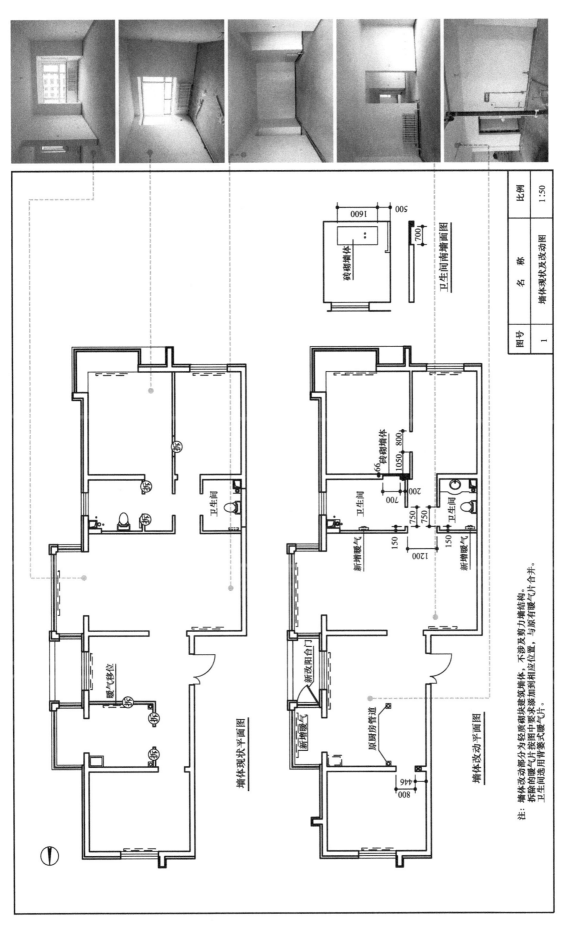

图 8-1　墙体现状及改动图

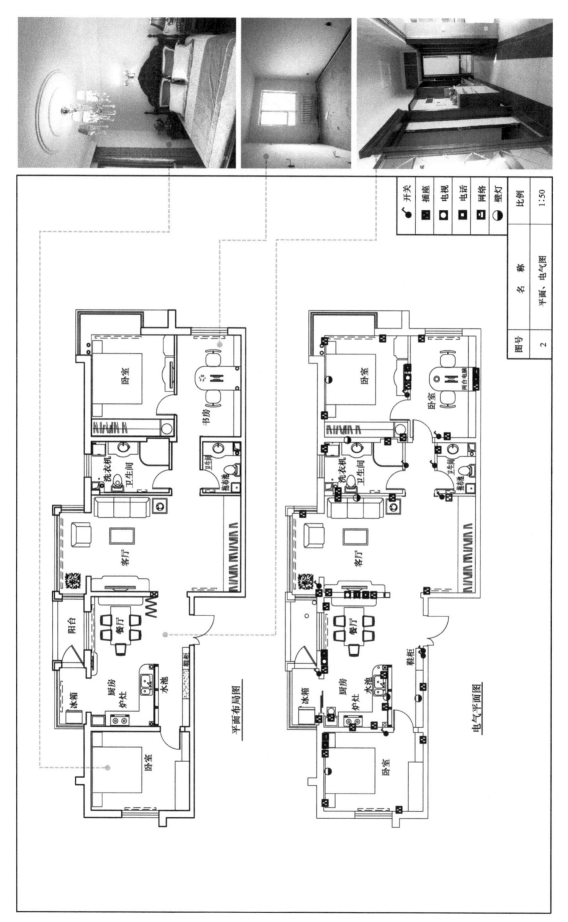

图8-2 平面、电气图

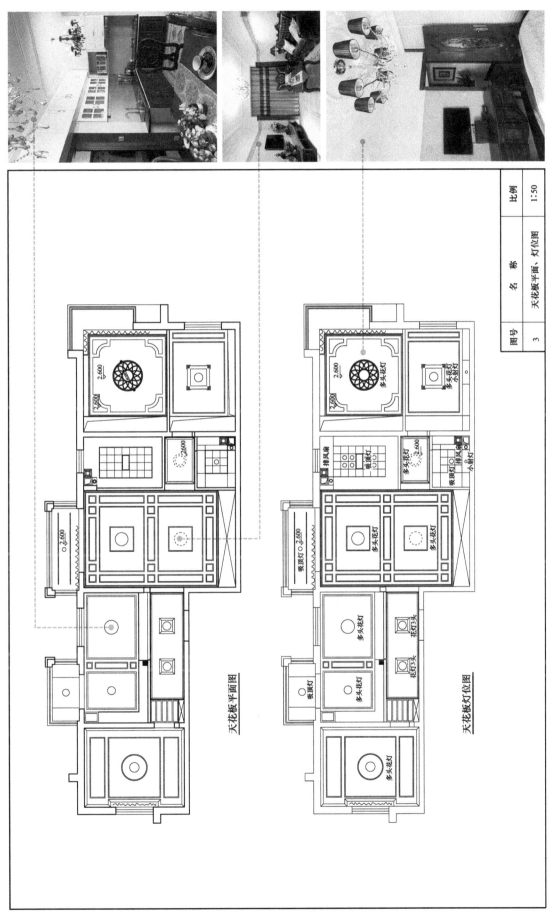

图8-3　天花板平面、灯位图

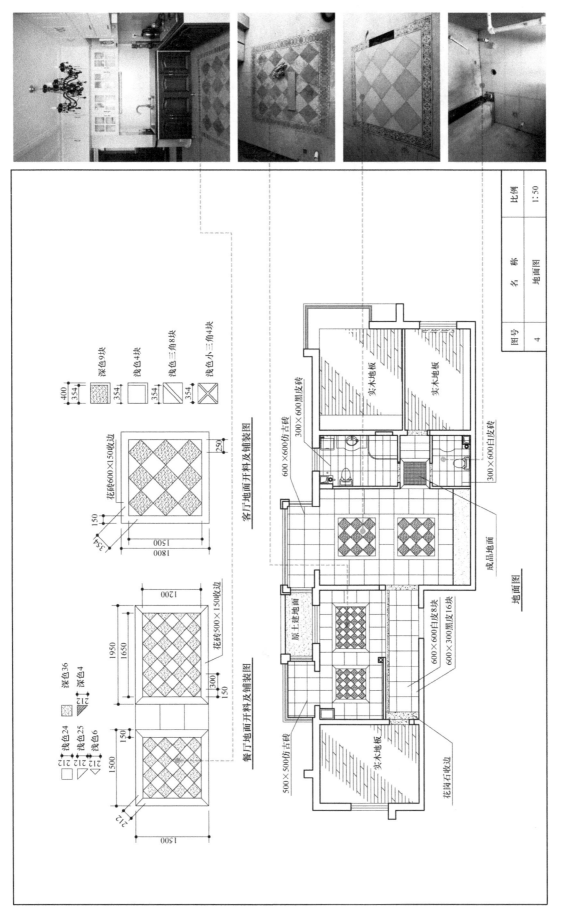

图8-4 地面图

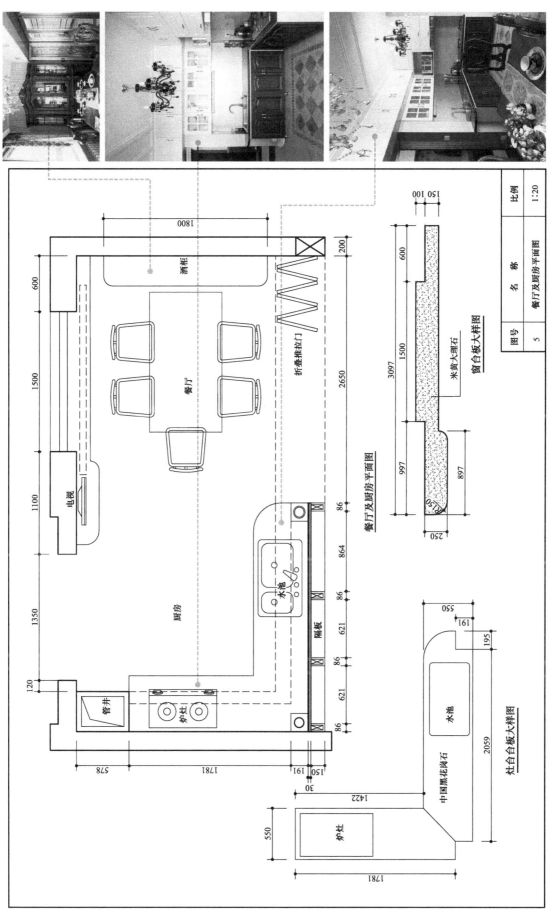

图8-5　餐厅及厨房平面图

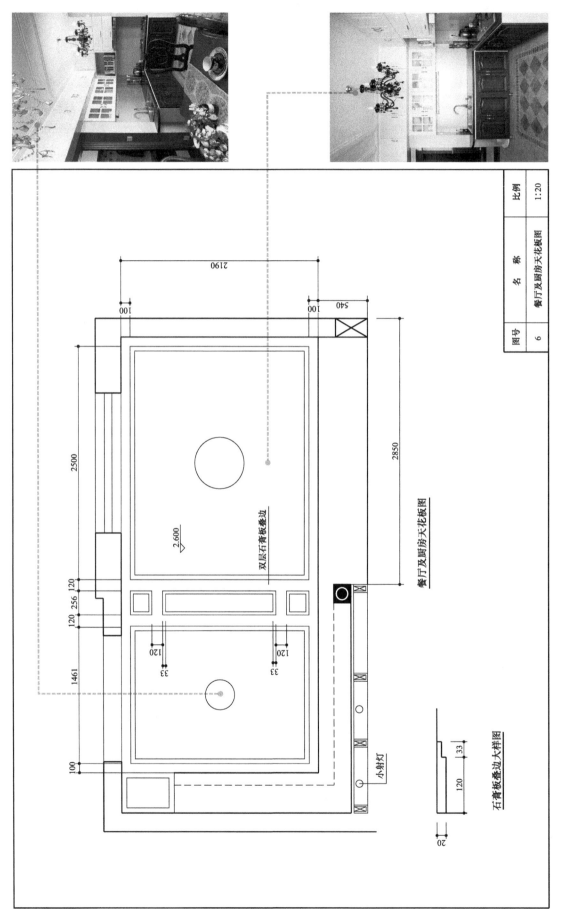

图8-6 餐厅及厨房天花板图

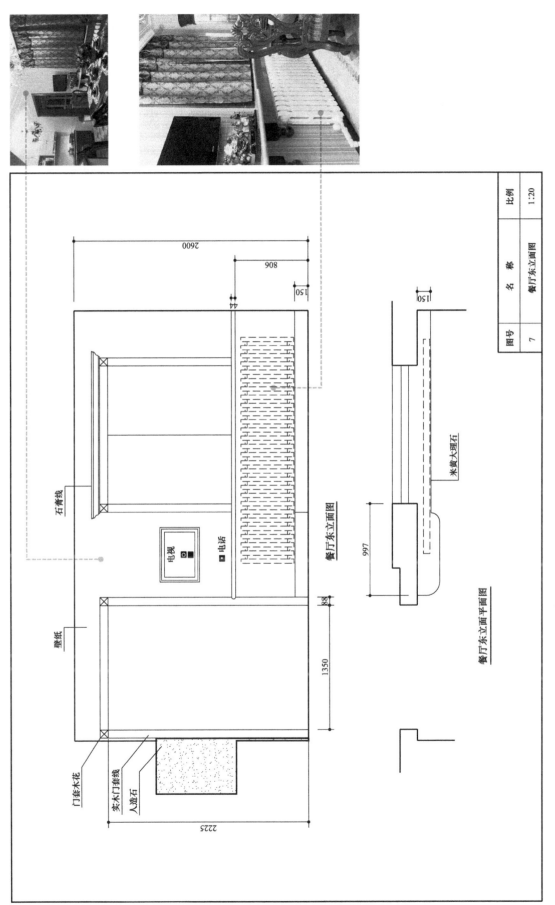

图8-7　餐厅东立面图

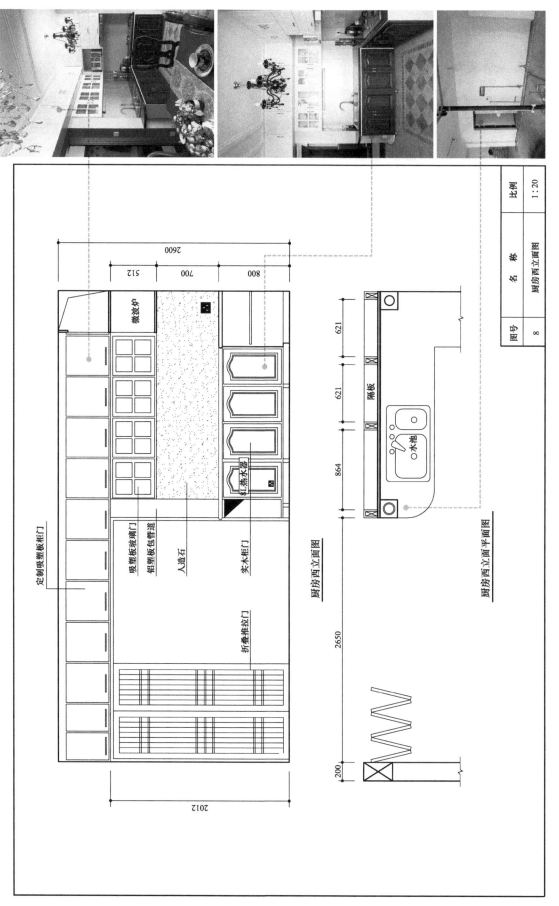

图8-8 厨房西立面图

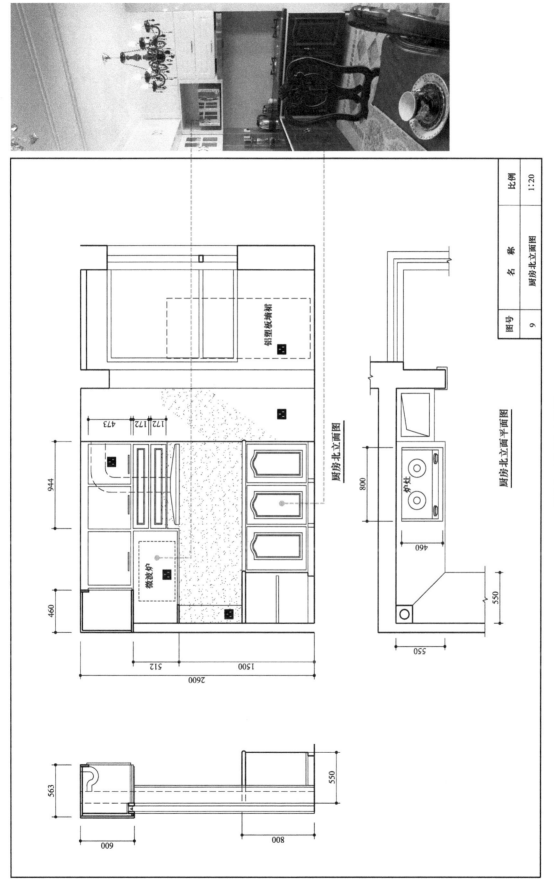

图8-9　厨房北立面图

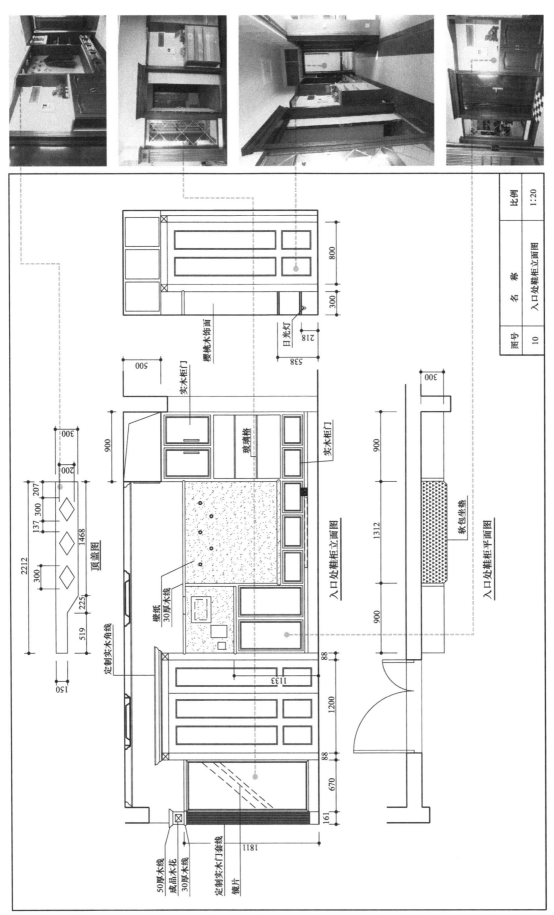

图8-10 入口处鞋柜立面图

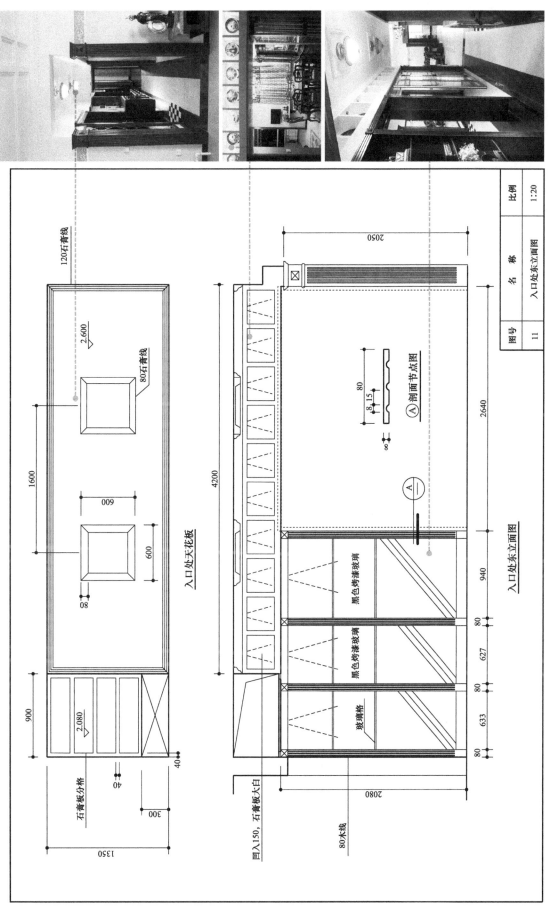

图8-11　入口处东立面图

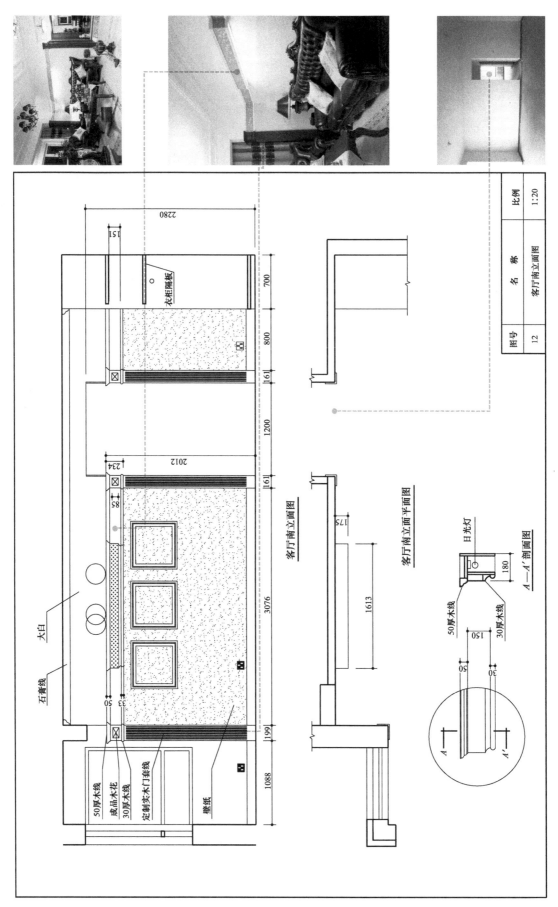

图8-12 客厅南立面图

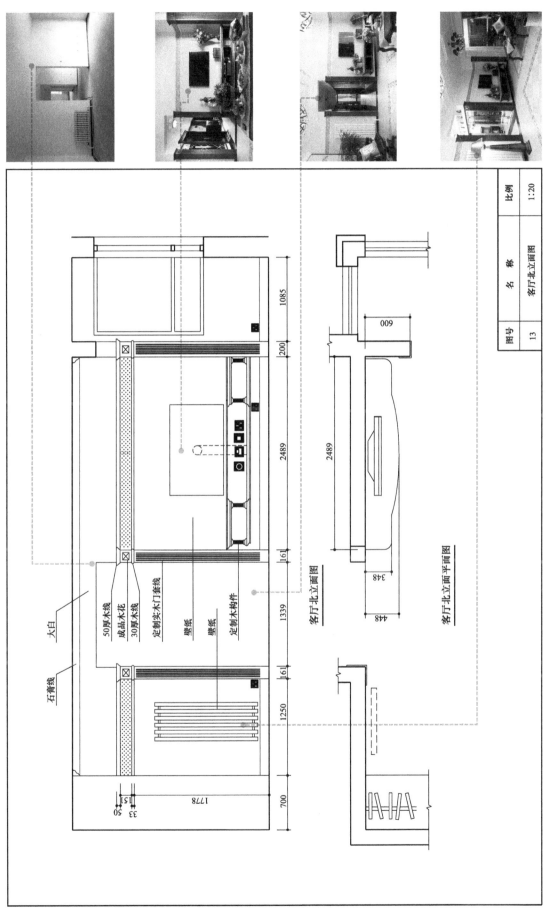

图8-13　客厅北立面图

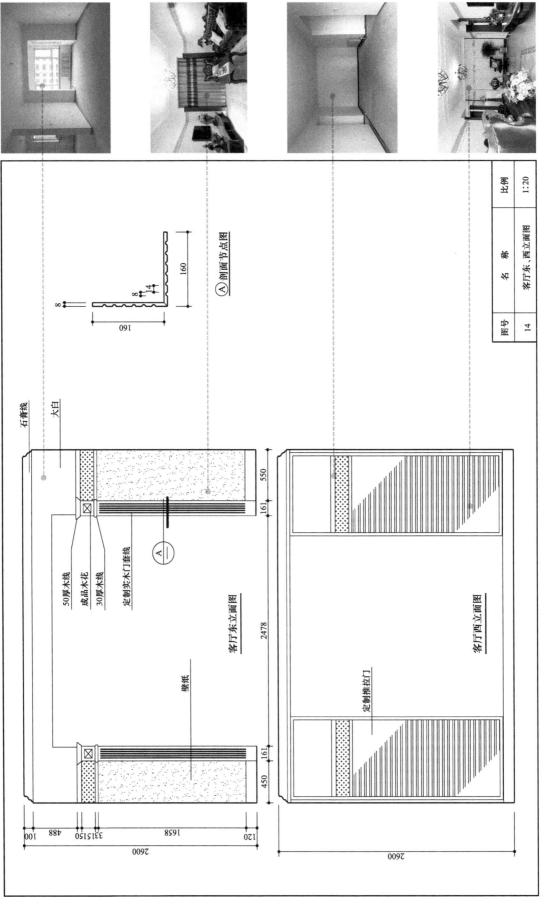

图8-14 客厅东、西立面图

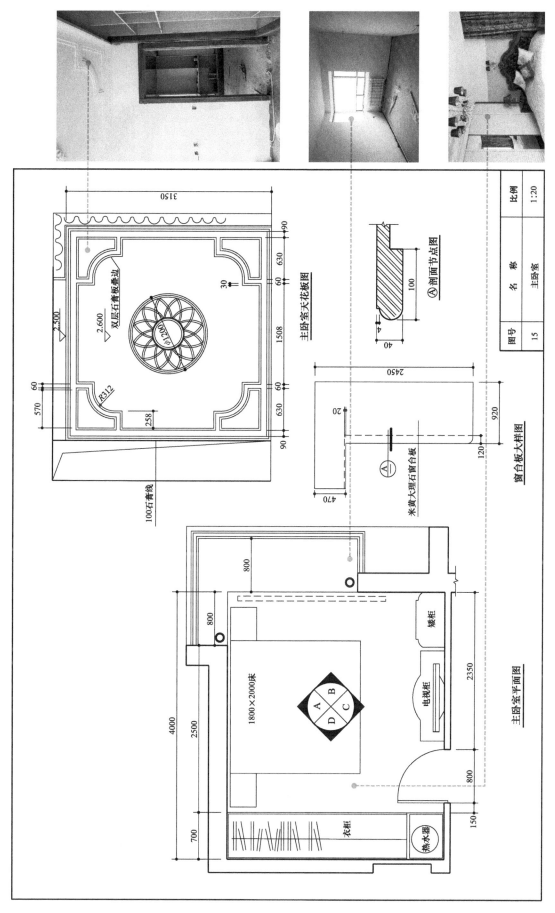

图8-15 主卧室

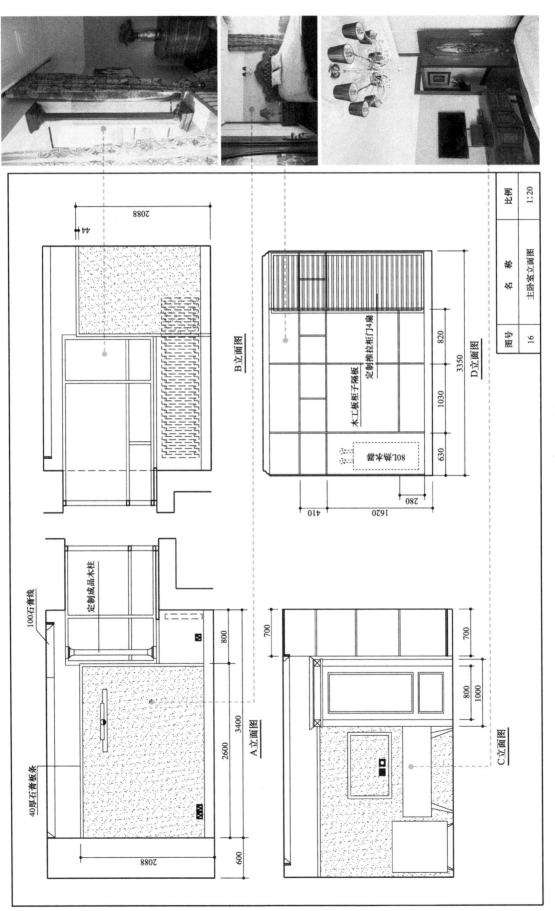

图8-16 主卧室立面图

图号	名 称	比例
16	主卧室立面图	1:20

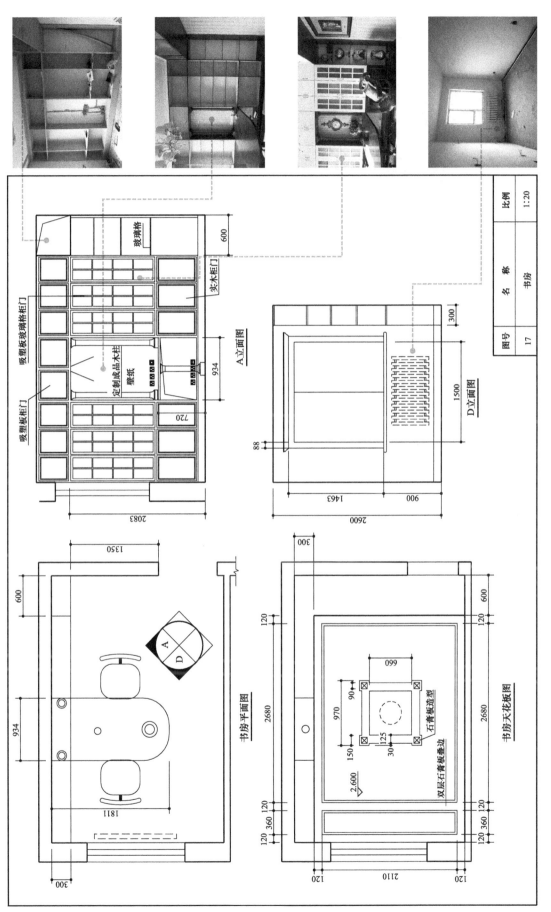

图8-17　书房

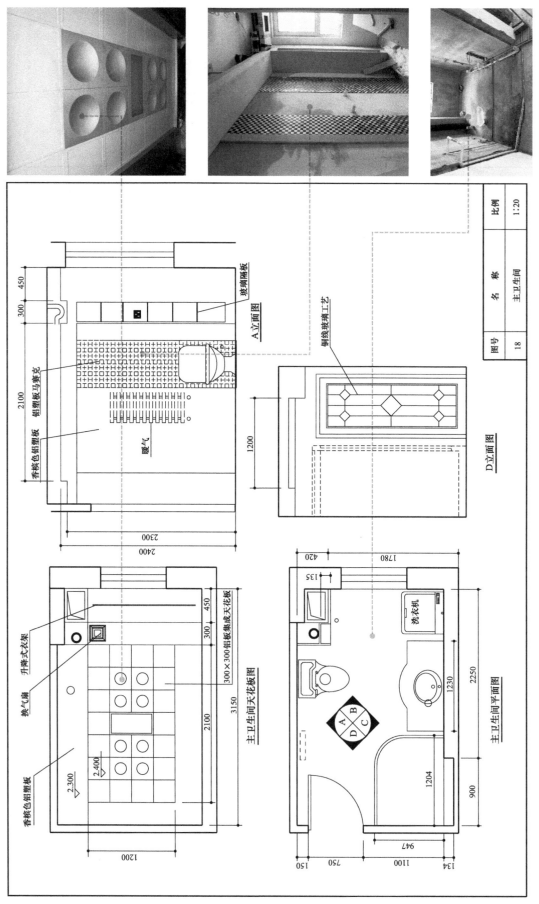

图8-18 主卫生间

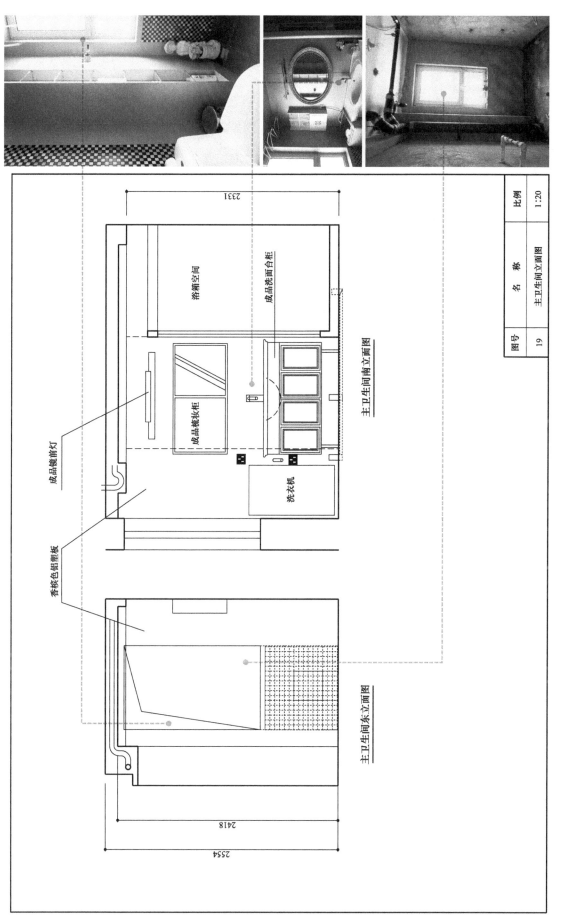

图8-19　主卫生间立面图

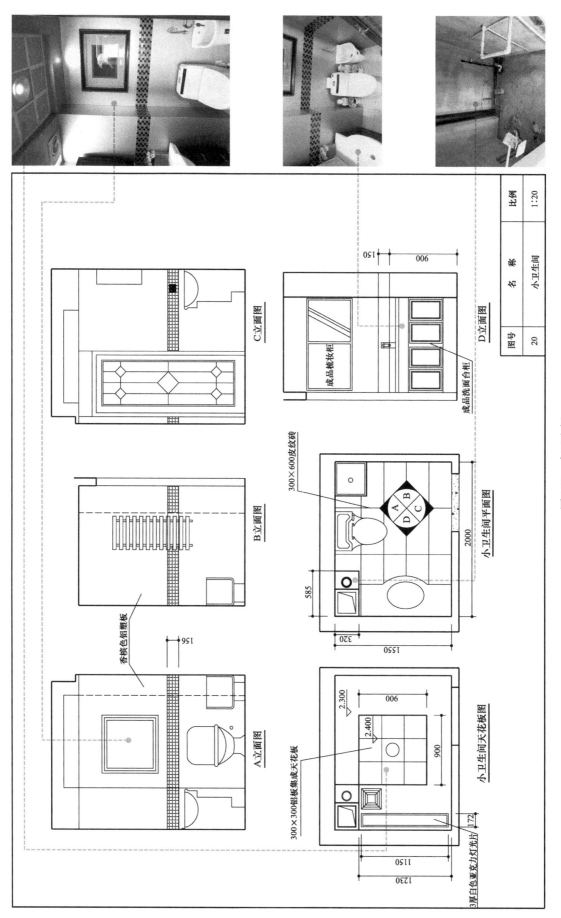

C立面图

B立面图

A立面图

香槟色铝塑板

300×300铝板集成天花板

白色亚克力灯光片

D立面图

成品梳妆柜

成品洗面台柜

小卫生间平面图

300×600皮纹砖

小卫生间天花板图

图号	名 称	比例
20	小卫生间	1:20

图8-20 小卫生间

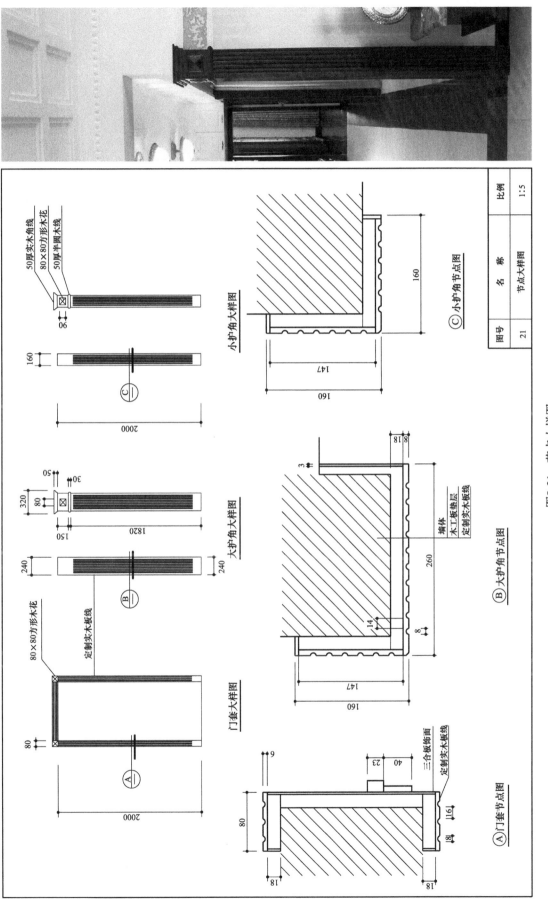

图8-21　节点大样图

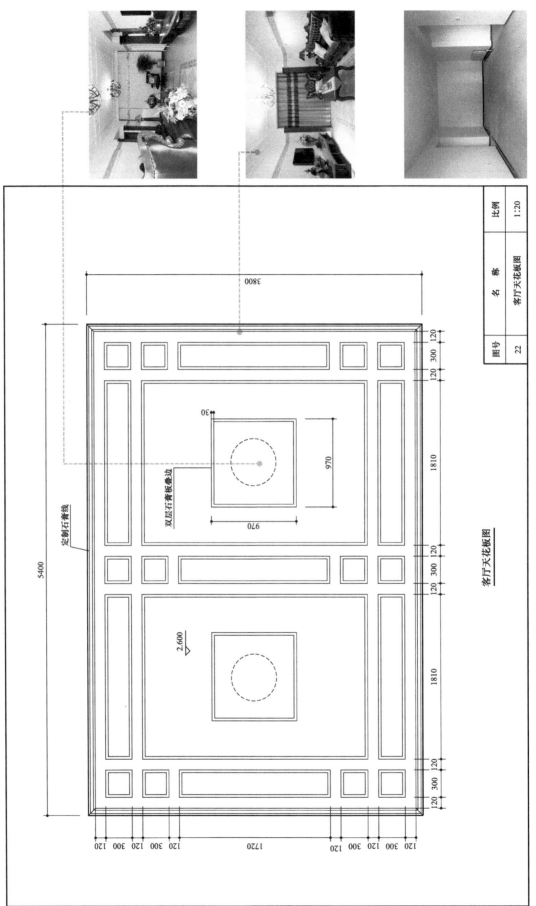

客厅天花板图

图8-22 客厅天花板图

8.2 室内装修施工图设计案例二

图纸目录

序　号	名　称
1	平面图
2	天花板图
3	客厅天花板图
4	餐厅及厨房天花板图
5	书房、主卧室天花板图
6	儿童卧室、走廊天花板大样图
7	剖面图
8	客厅 A 立面图
9	客厅 B 立面图
10	客厅 C 立面图
11	客厅 D 立面图
12	门厅 A、B 立面图
13	门厅 C、D 立面图
14	工作区 A 立面图
15	工作区 B 立面图
16	房门大样图
17	餐厅 A 立面图
18	餐厅 B 立面图
19	厨房 C 立面图
20	厨房 D 立面图
21	主卧室 A 立面图
22	主卧室 B 立面图
23	卫生间

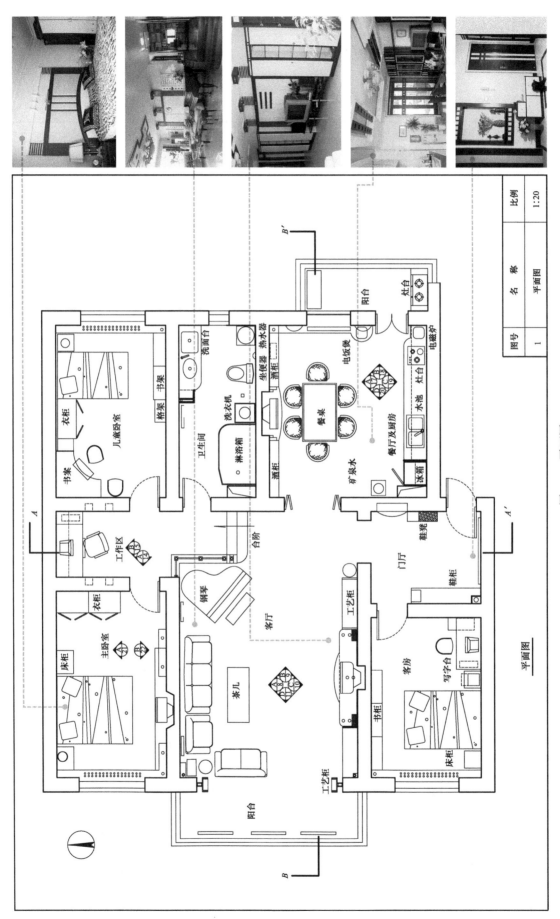

图8-23 平面图

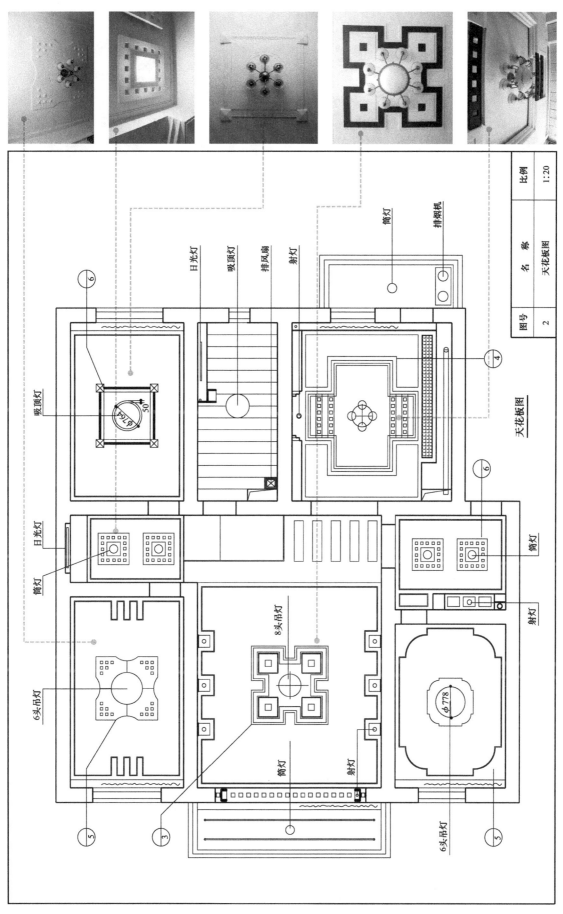

天花板图

图8-24　天花板图

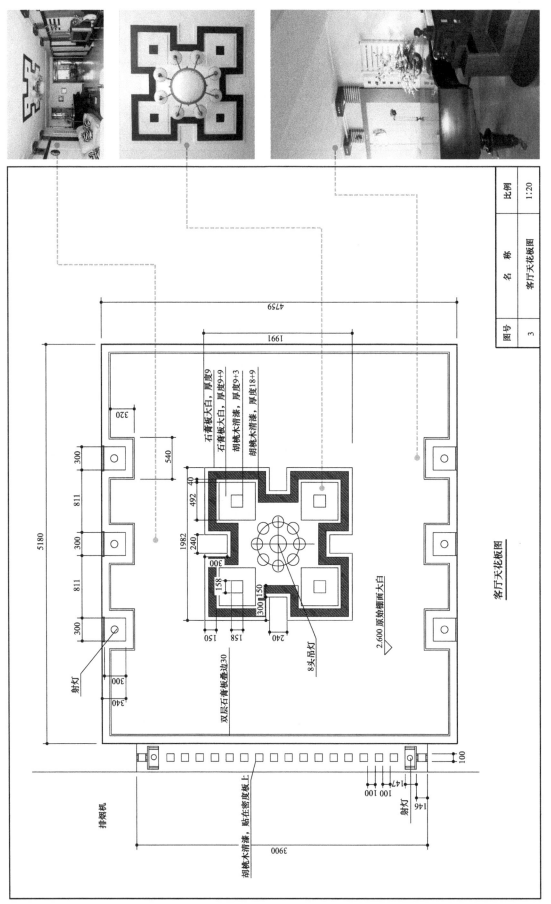

客厅天花板图

图号		名 称	比例
3		客厅天花板图	1:20

图8-25 客厅天花板图

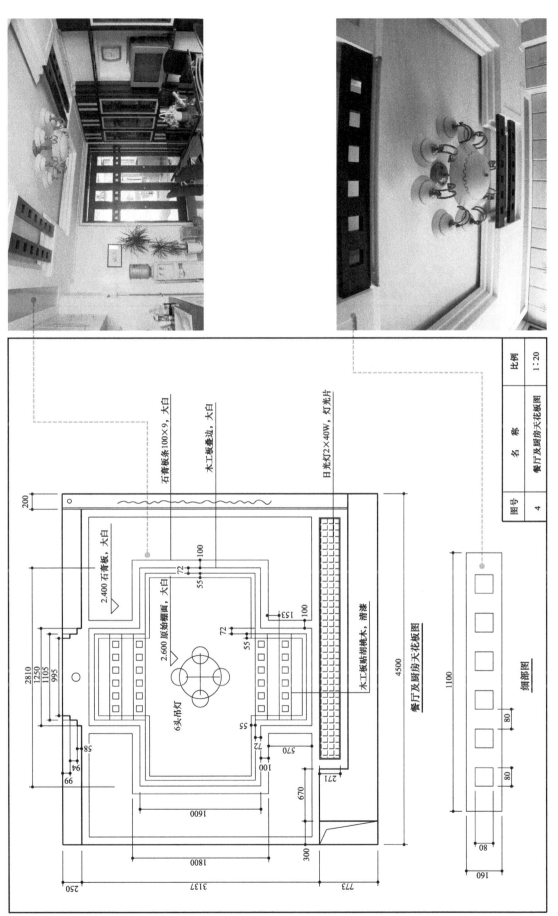

图8-26　餐厅及厨房天花板图

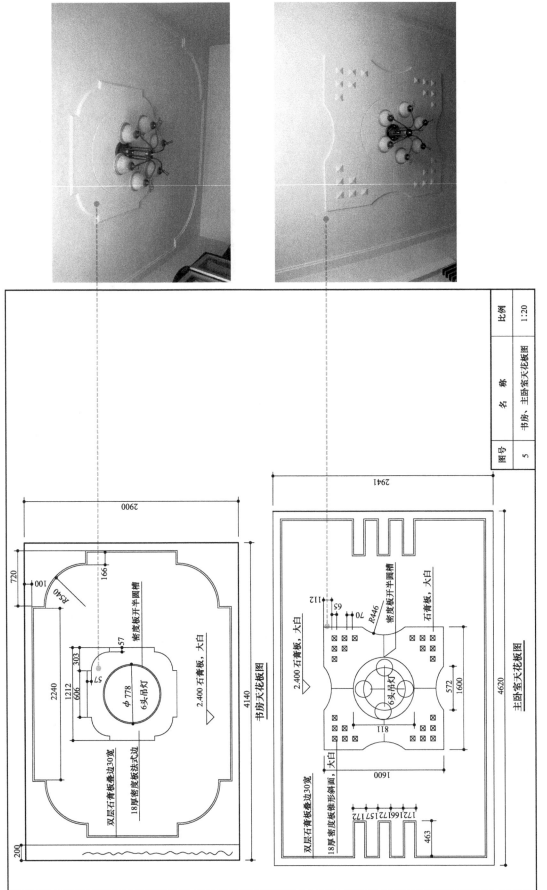

图8-27 书房、主卧室天花板图

图号	名　称	比例
5	书房、主卧室天花板图	1:20

书房天花板图

主卧室天花板图

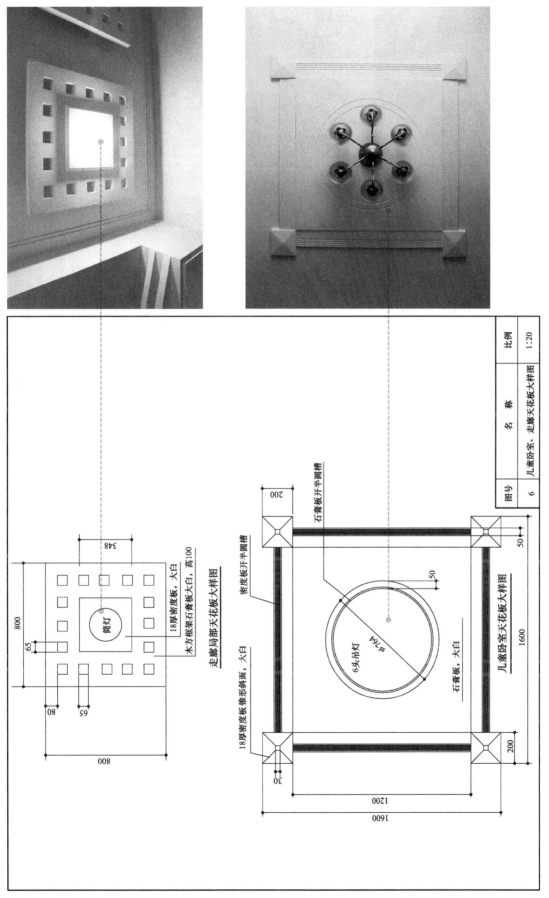

图8-28　儿童卧室、走廊天花板大样图

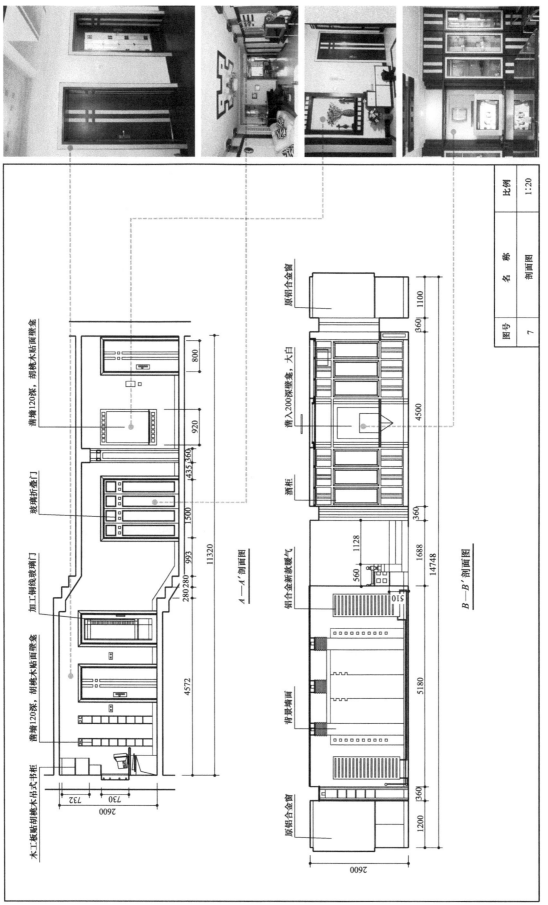

图8-29　剖面图

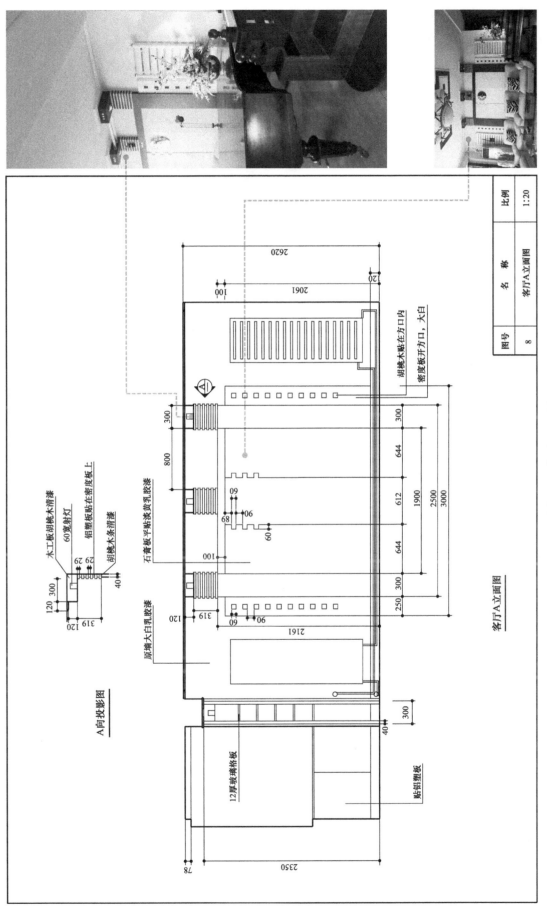

图8-30 客厅A立面图

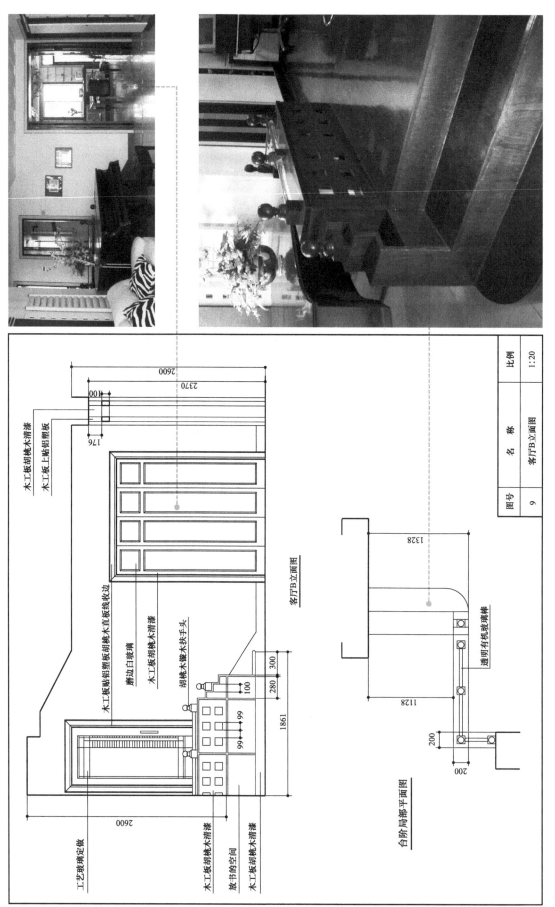

图8-31 客厅B立面图

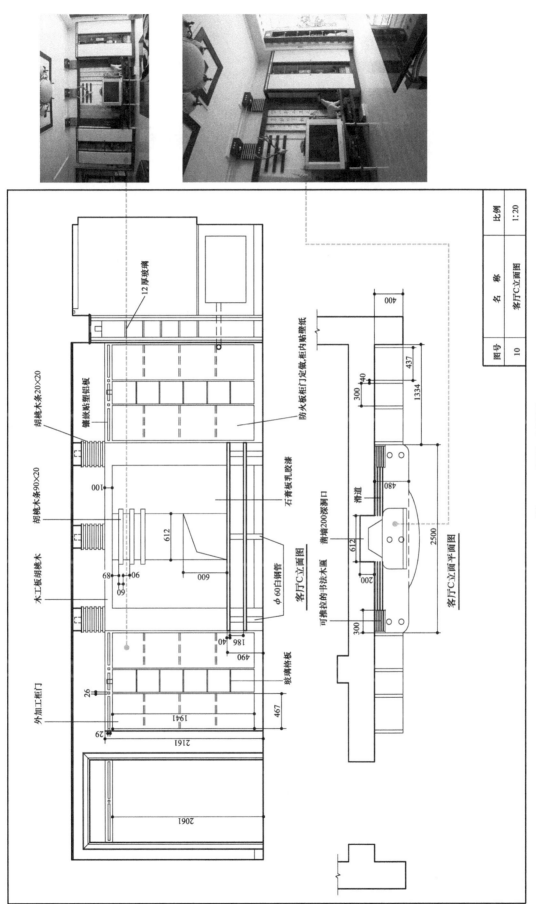

图8-32　客厅C立面图

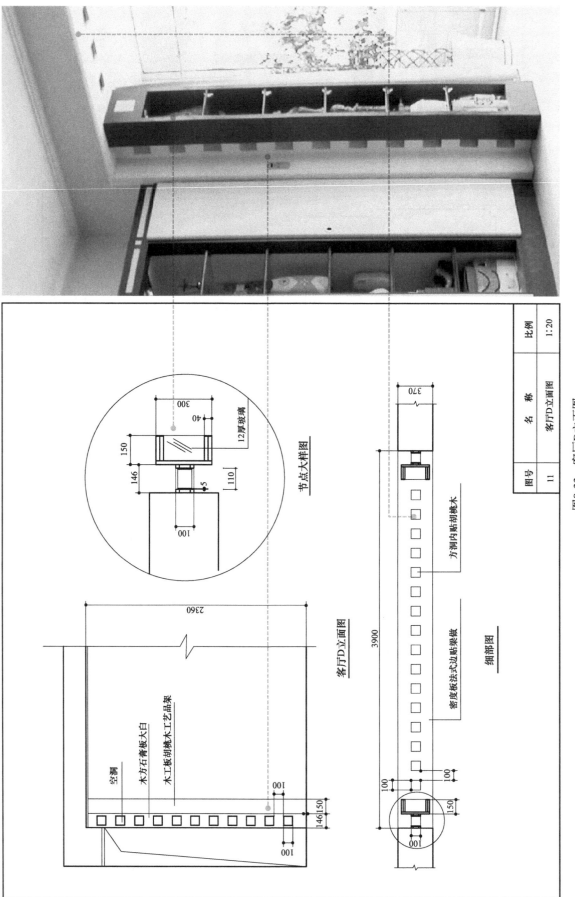

图号	名　称	比例
11	客厅D立面图	1:20

节点大样图

客厅D立面图

细部图

空调

木方石膏板大白

木工板胡桃木工艺品架

12厚玻璃

方调内贴胡桃木

密度板法式边贴梁做

图8-33　客厅D立面图

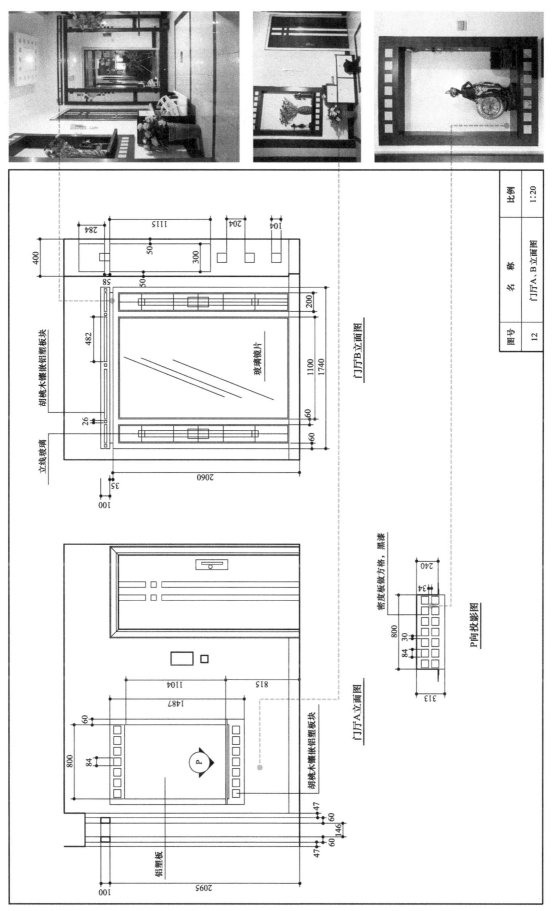

图8-34 门厅A、B立面图

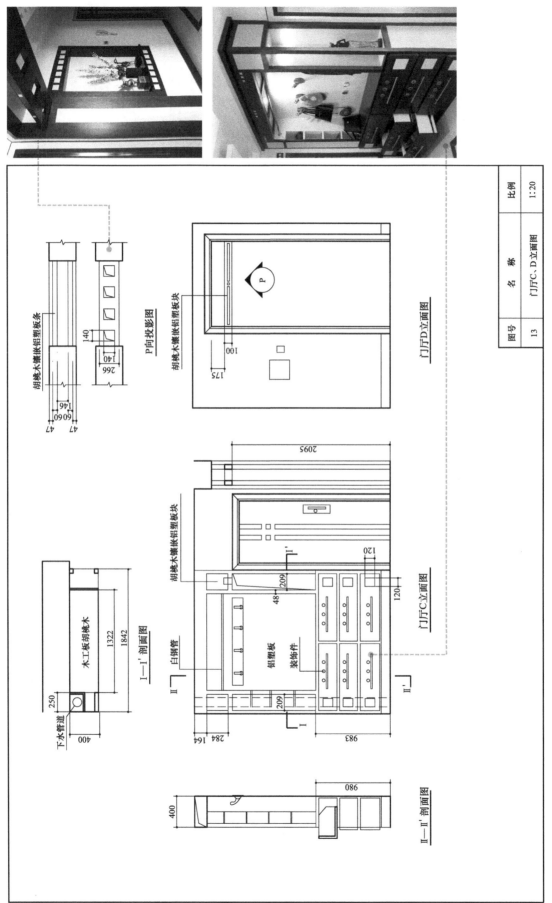

图8-35 门厅C、D立面图

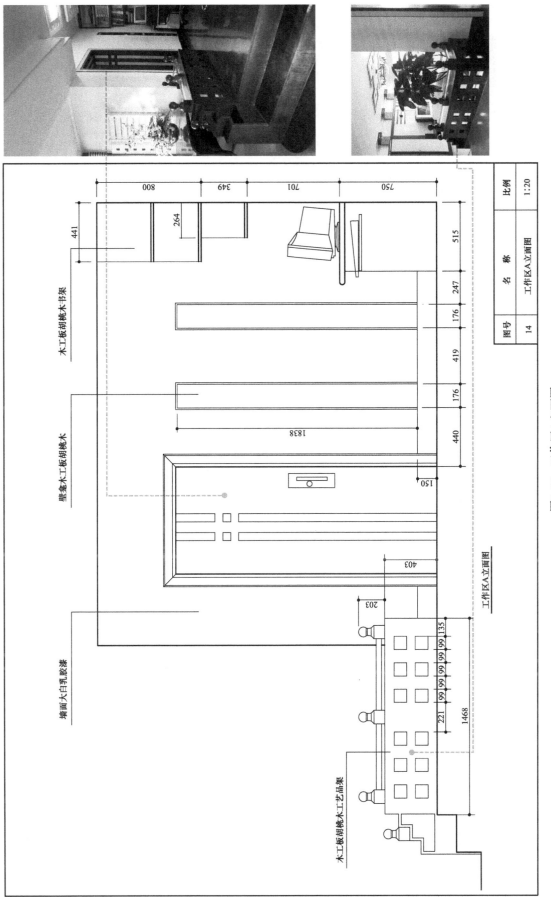

图8-36　工作区A立面图

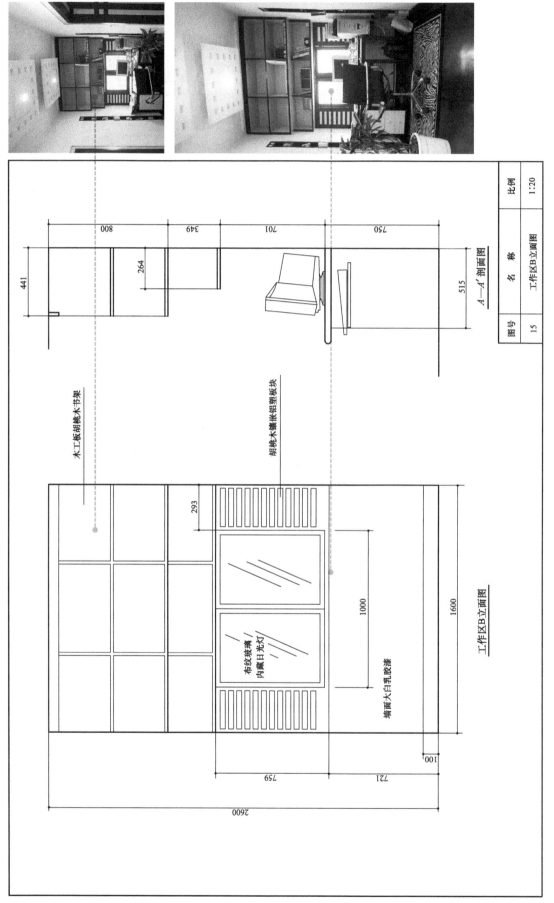

图8-37 工作区B立面图

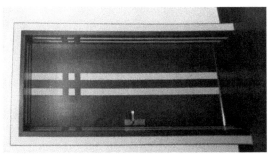

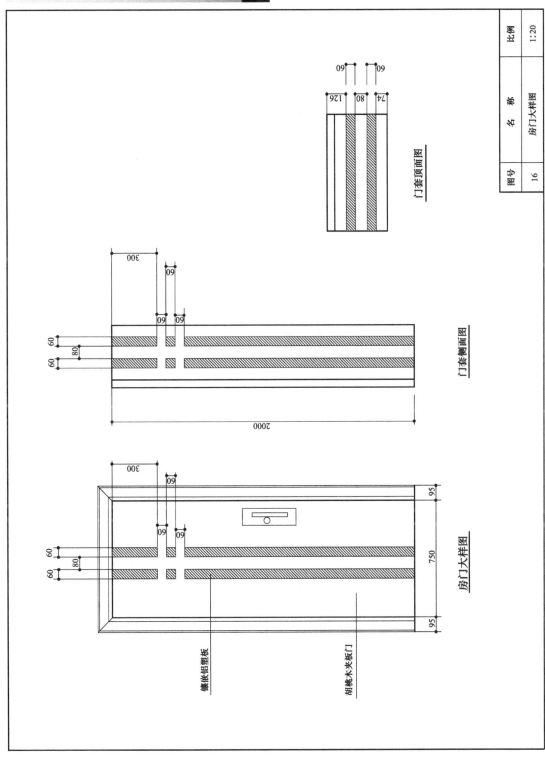

图8-38 房门大样图

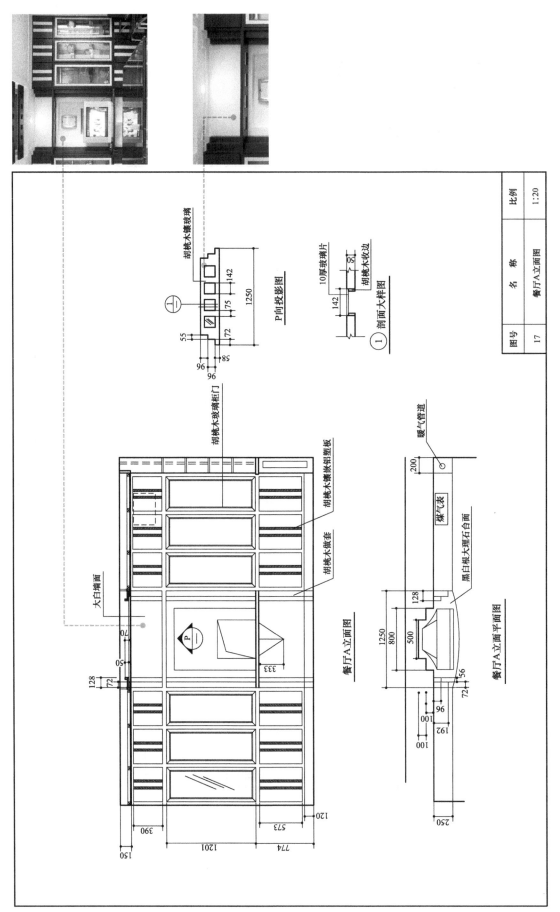

图8-39 餐厅A立面图

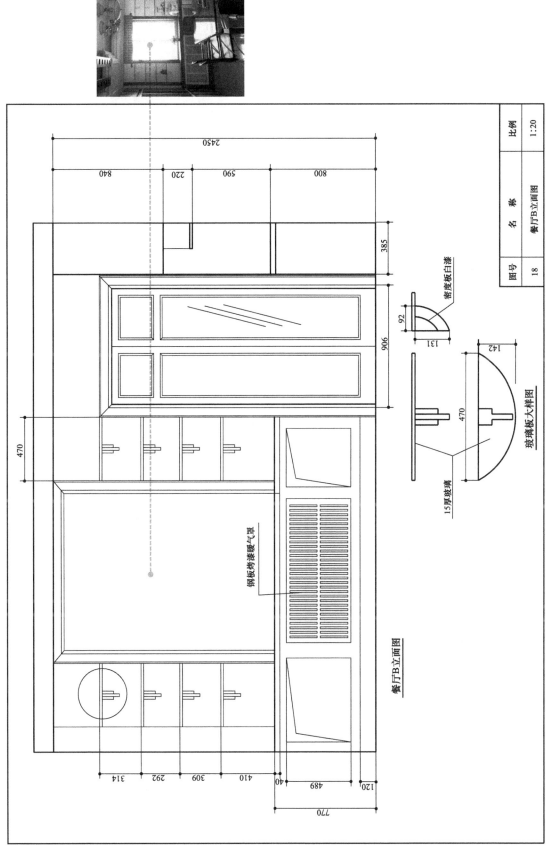

图8-40 餐厅B立面图

餐厅B立面图

钢板烤漆暖气罩

密度板白漆

玻璃板大样图

15厚玻璃

图号	名 称	比例
18	餐厅B立面图	1:20

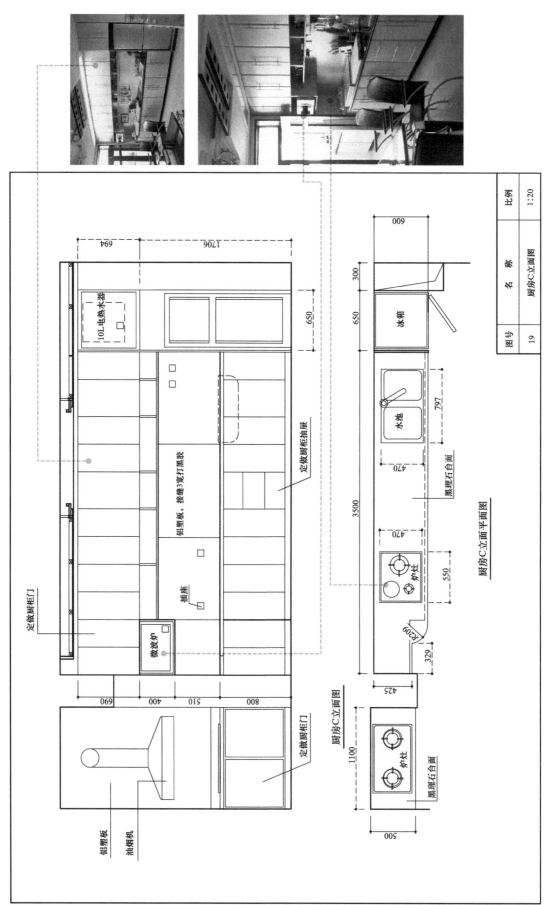

图8-41 厨房C立面图

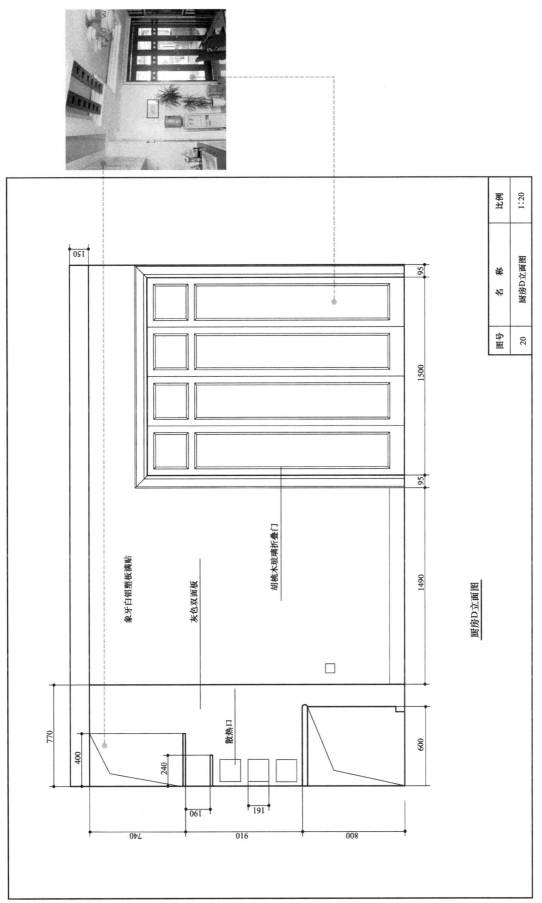

厨房D立面图

图号	名　称	比例
20	厨房D立面图	1:20

图8-42　厨房D立面图

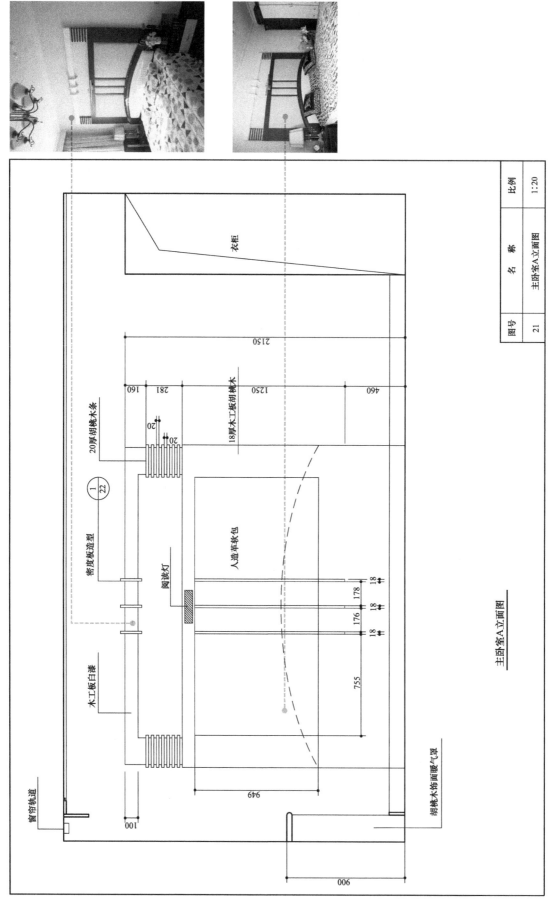

主卧室A立面图

图8-43 主卧室A立面图

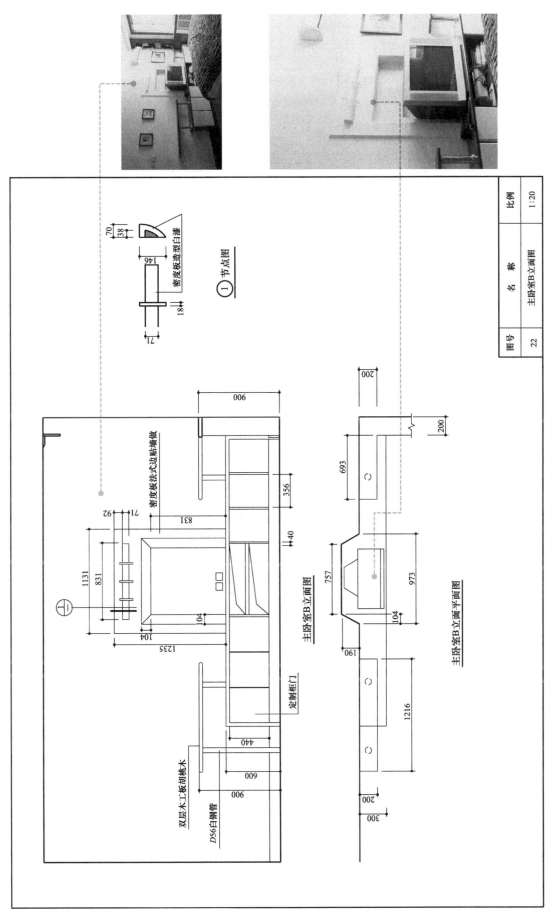

图8-44 主卧室B立面图

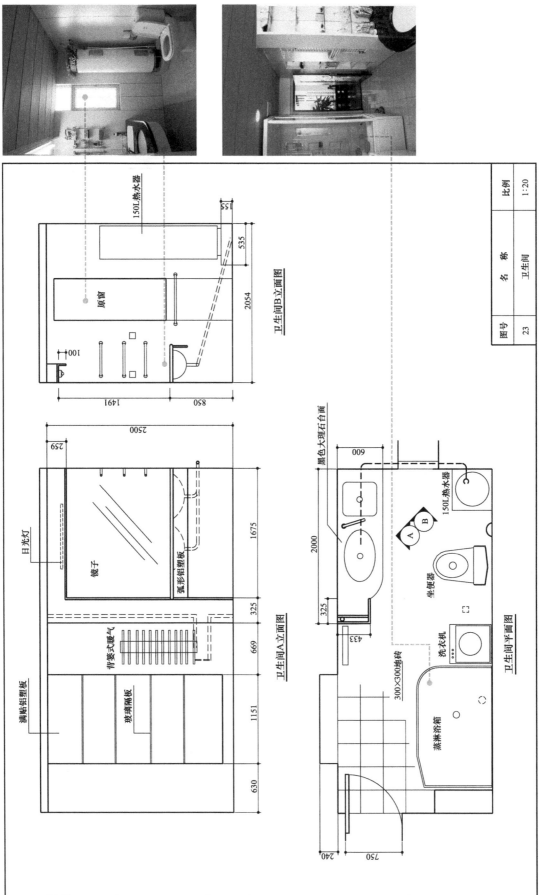

图8-45 卫生间

8.3 室内装修施工图设计案例三

图纸目录

序　号	名　称
1	一层平面图
2	二层平面图
3	三层(屋顶)平面图
4	一层天花板图
5	二层天花板图
6	大厅南北向立面图
7	大厅东西向立面图
8	南北向立面图
9	东西向立面图
10	电梯井立面图
11	49 层卫生间平面图
12	49 层卧室立面图(一)
13	49 层卧室立面图(二)

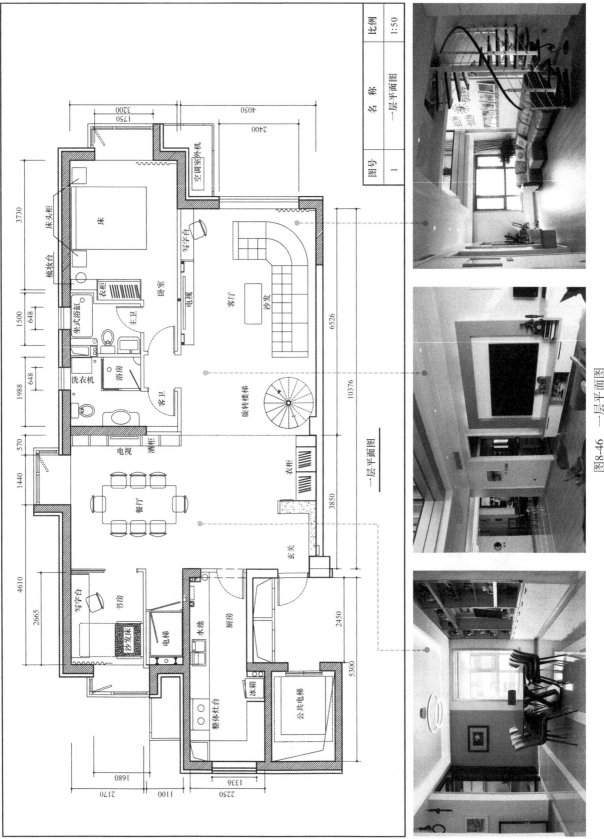

图8-46　一层平面图

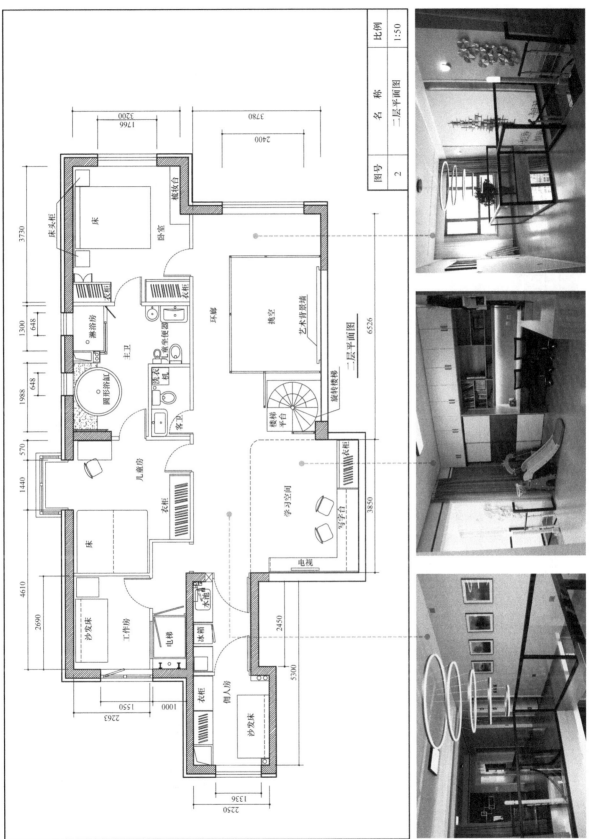

图8-47　二层平面图

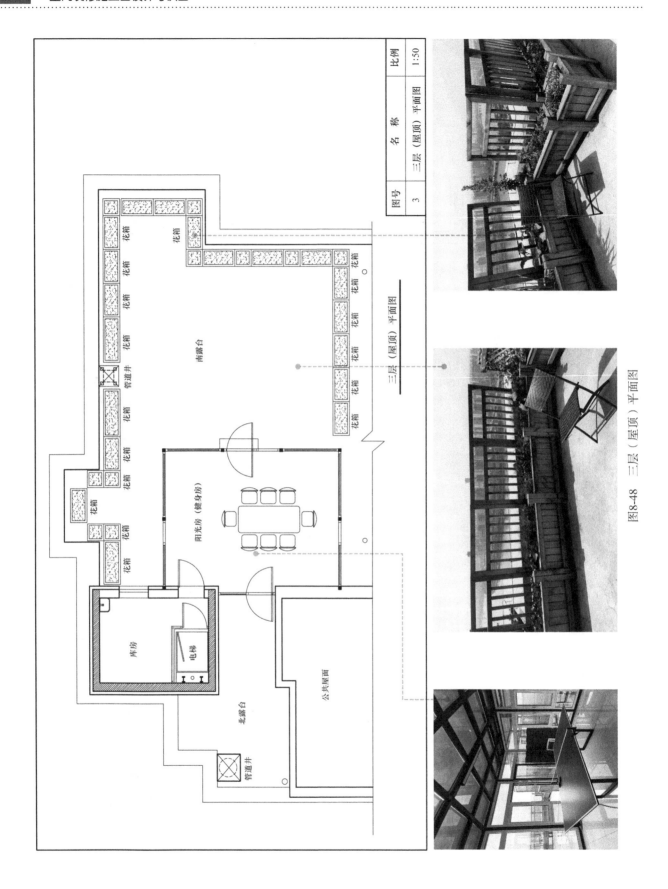

图8-48 三层（屋顶）平面图

图号	名 称	比例
3	三层（屋顶）平面图	1:50

三层（屋顶）平面图

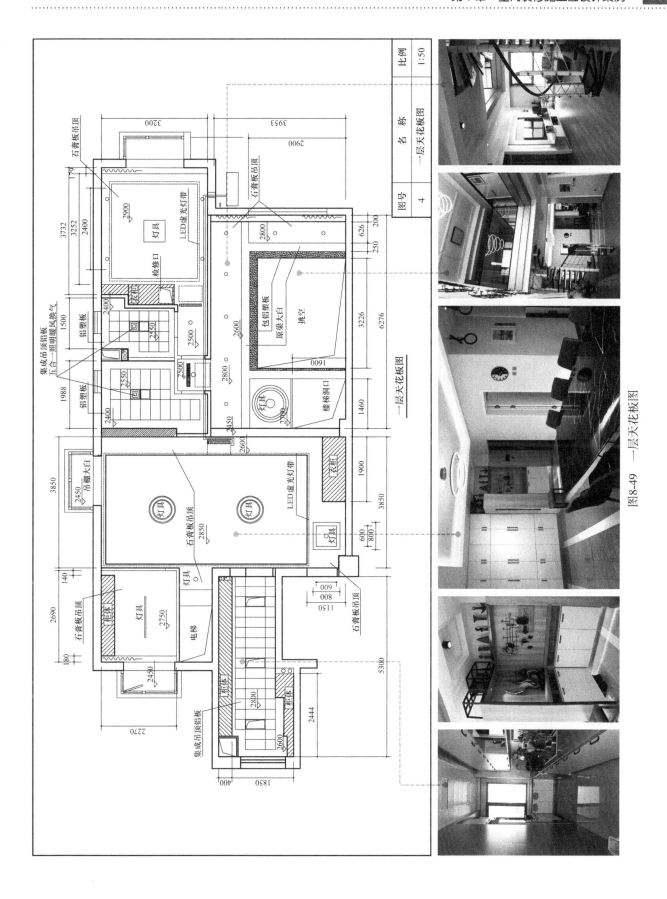

图8-49　一层天花板图

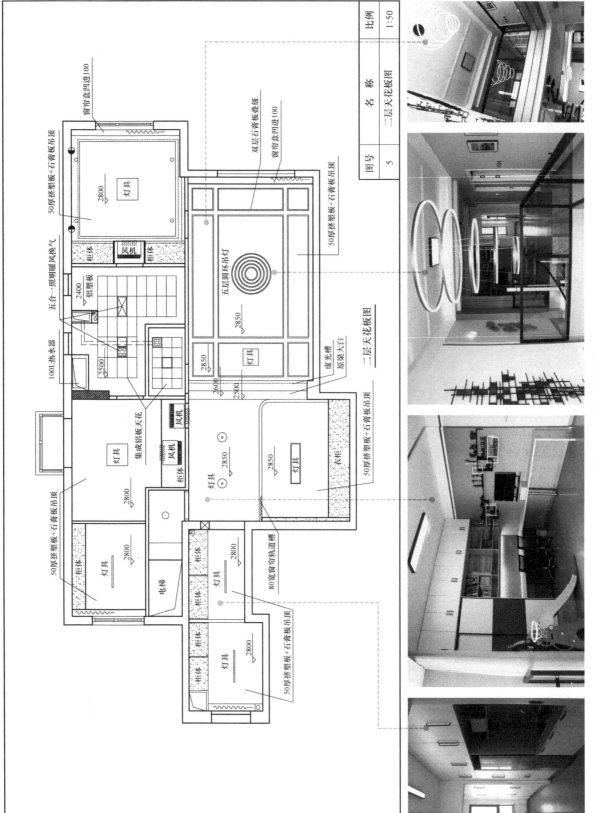

图8-50 二层天花板图

比例 1:50

名 称 二层天花板图

图号 5

二层天花板图

50厚挤塑板+石膏板吊顶

窗帘盒凹进100

五合一照明暖风换气

100L热水器

铝塑板

2400

2500

灯具

2800

50厚挤塑板+石膏板吊顶

柜体

风机

灯具

集成铝板天花

风机

风机

柜体

2850

灯具

50厚挤塑板+石膏板吊顶

衣柜

2850

电梯

灯具

2800

柜体

80宽窗帘轨道槽

柜体

灯具

2800

50厚挤塑板+石膏板吊顶

灯具

2800

50厚挤塑板+石膏板吊顶

双层石膏板叠级

窗帘盒凹进100

50厚挤塑板+石膏板吊顶

五层圆环吊灯

2850

灯具

2850

虚光槽

原梁大白

2600

2500

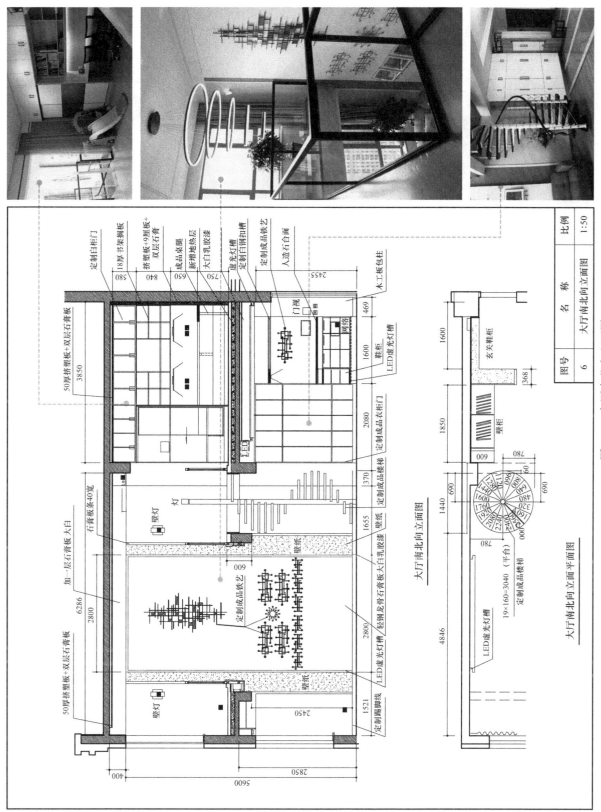

图8-51　大厅南北向立面图

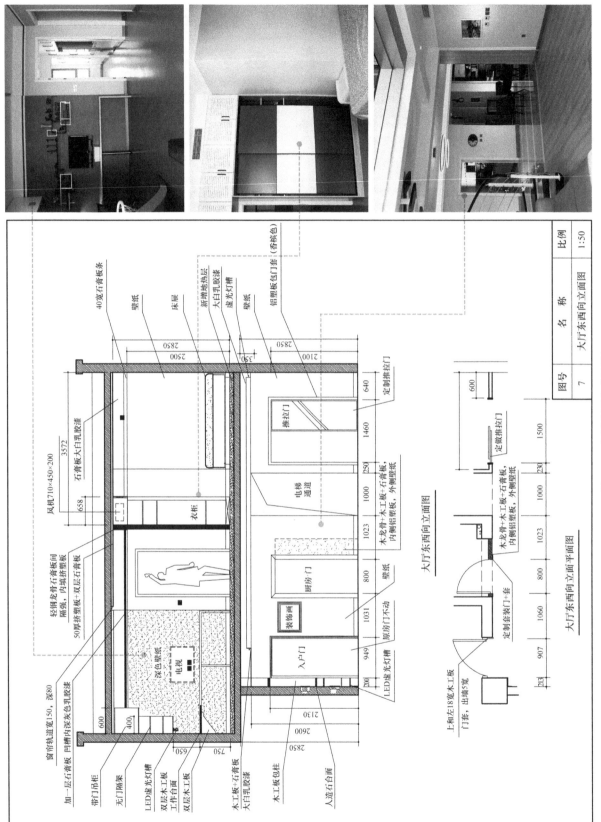

图8-52　大厅东西向立面图

大厅东西向立面图

比例　1:50

图号　7

名　称　大厅东西向立面图

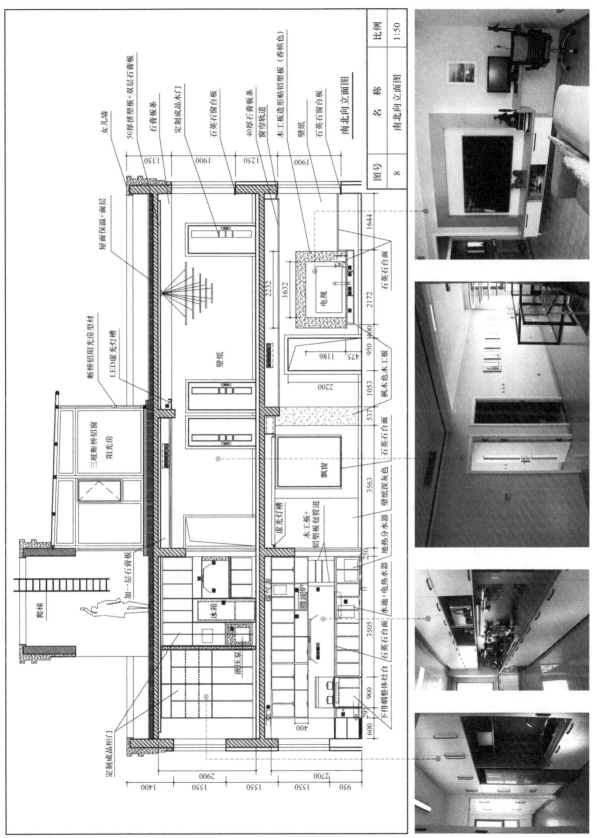

图8-53 南北向立面图

南北向立面图

图号	名 称	比例
8	南北向立面图	1:50

女儿墙
50厚挤塑板+双层石膏板
石膏板条
定制成品木门
石英石台板
40石膏板条
窗帘轨道
木工板造形贴铝塑板（香槟色）
壁纸
石英石窗台板

屋面保温+面层
断桥铝阳光房型材
LED虚光灯槽
三玻断桥铝窗 阳光房
壁纸
加一层石膏板
爬梯
定制成品门
定制成品柜门
滚筒筒
冰箱
微波炉
电视
石英石台面
枫木色木工板
石英石台面
飘窗
壁纸深灰色
木工板+铝塑板包管道
地热分水器
水池+电热水器
石英石台面
下排烟整体灶台
虚光灯槽

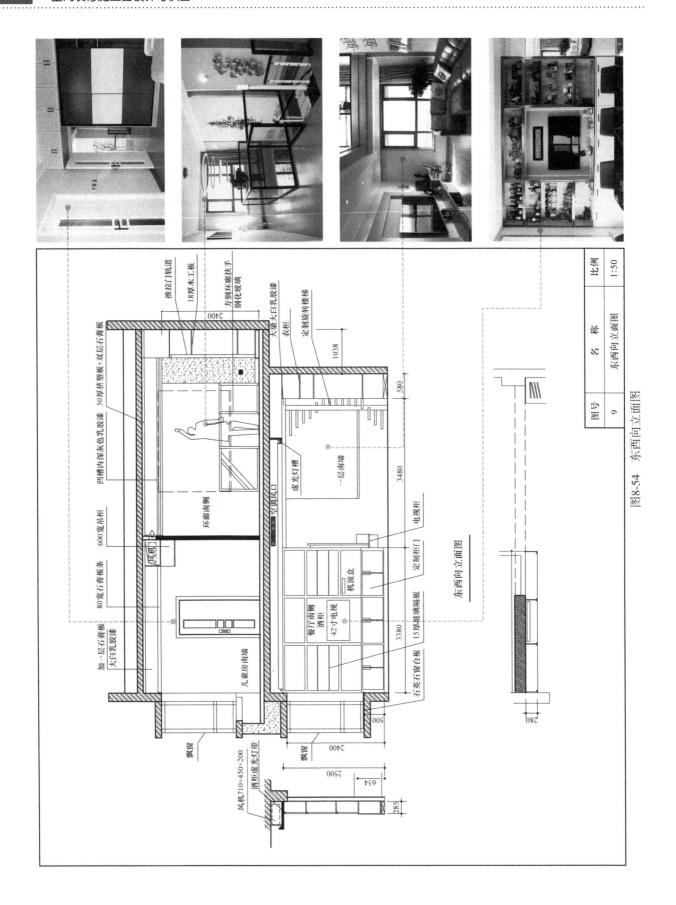

图8-54　东西向立面图

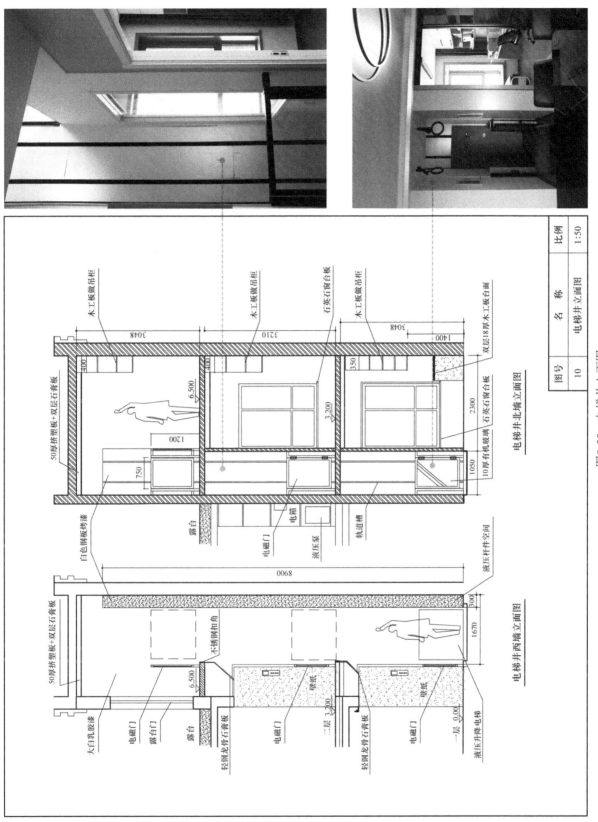

图8-55　电梯井立面图

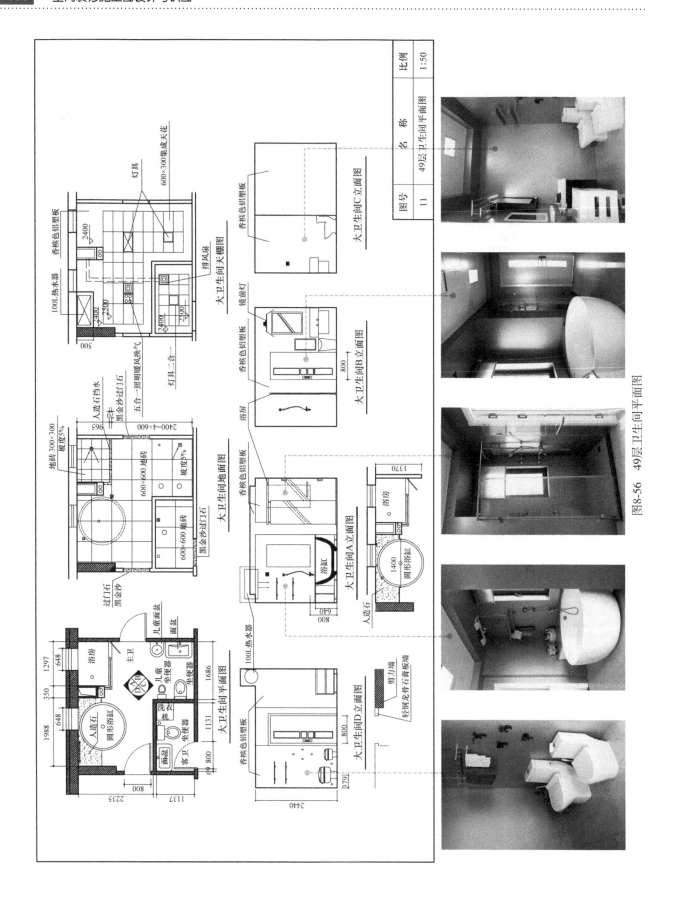

图8-56 49层卫生间平面图

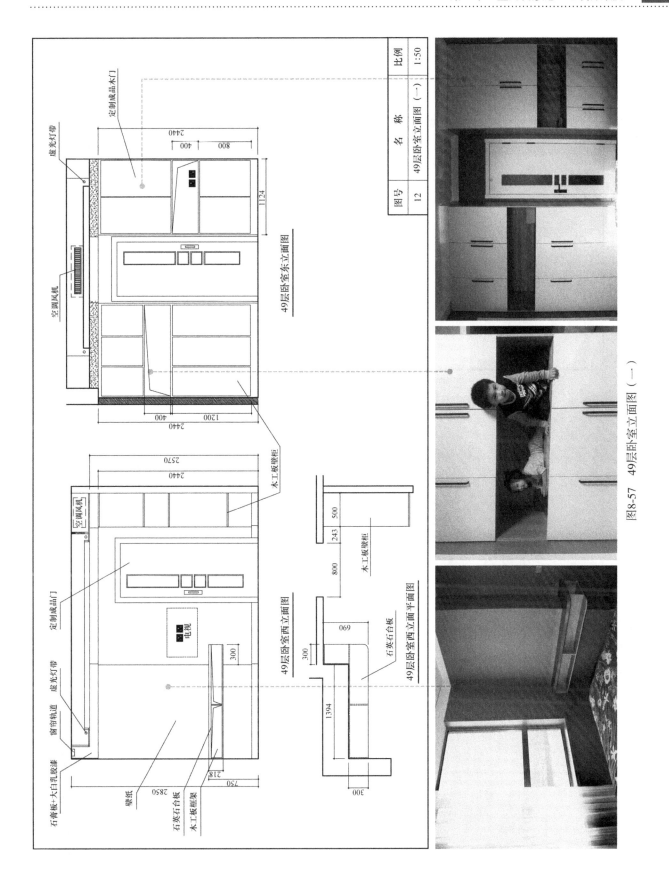

图8-57　49层卧室立面图（一）

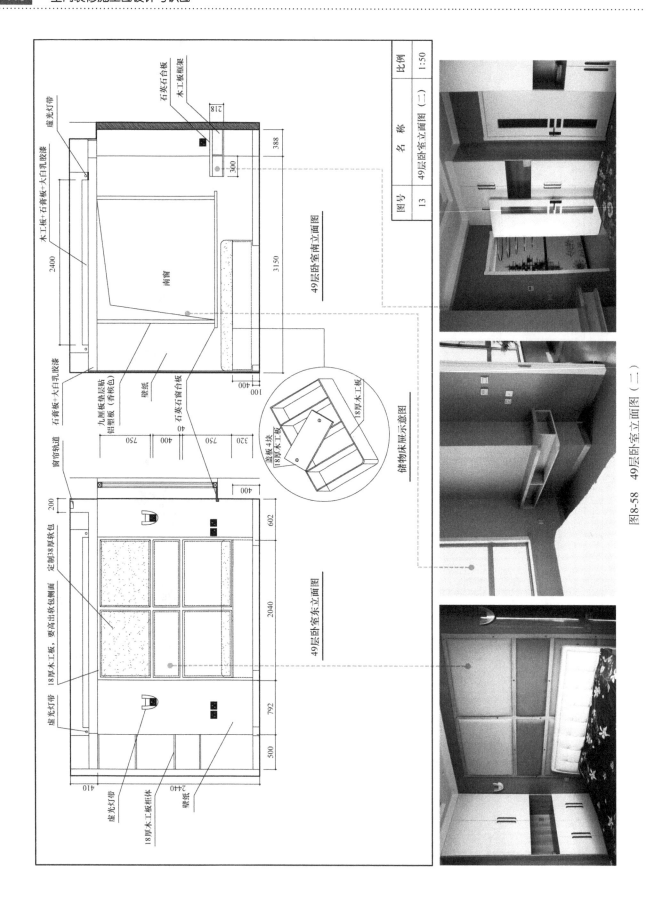

49层卧室南立面图

49层卧室东立面图

储物床匣示意图

图号	名 称	比例
13	49层卧室立面图（二）	1:50

图8-58 49层卧室立面图（二）

附　　录

附录 A　常用尺寸标注方法

名称	图　例	说明	名称	图　例	说明
角度	90° 75° 55° 15°	尺寸线应画成圆弧,圆心为角的顶点,角的两边为尺寸界线	曲线图形	100×8=800 100×12=1200	用网格形式定位曲线尺寸
圆和圆弧	φ600 φ600 R300	标注圆或圆弧的直径、半径时,尺寸数字前加符号"φ""R"	小圆或小圆弧	φ20 φ20 φ12 φ5 φ18 R12 R12 R12 R12	小圆的直径或小圆弧的半径一般按图例样式标注
大圆弧	R1500 R1500	较大圆弧的半径按图例形式标注	弧长或弦长	120 110	标注弧长时,尺寸线为与圆弧同心的圆弧线,起止符号用箭头表示,尺寸数字上方需加圆弧符号
构件非圆外曲形线为时	180 1200 1180 900 510 330 600 600 900 900 900 3900	用坐标形式标注弧线尺寸	球面	Sφ20 SR12	球面的尺寸标注应在数字前加"Sφ""SR"
坡度	2% 2% 2% 2.5 1	标注坡度时,在坡度数字下应加注坡度符号,箭头应指向下坡的方向　坡度也可以用直角三角形表示	薄板厚度	t12 1000 2700	厚度均匀的薄板用"t"表示
			正方形	φ70 90 140 □150	用"□"符号表示正方形

附录 B 常用建筑门窗图例

名　称	图　例	说　明	名　称	图　例	说　明
单层固定窗		常用木制窗或钢窗	双层内外开平开窗		常用木制窗或钢窗
单层外开上悬窗		常用木制窗、钢窗、塑钢窗	推拉窗		常用铝合金窗或塑钢窗
单层中悬窗		常用木制窗、钢窗、塑钢窗	上推窗		常用铝合金窗或塑钢窗
单层内开下悬窗		常用木制窗、钢窗、塑钢窗	百叶窗		常用木制窗或塑钢窗
立转窗		常用木制窗或钢窗	高窗	$h=$	常用木制窗或钢窗
单层外开平开窗		常用木制窗、钢窗、塑钢窗	单扇门		木门、钢门、塑钢门、玻璃门等
单层内开平开窗		常用木制窗、钢窗、塑钢窗	双扇门		木门、钢门、塑钢门、玻璃门等

（续）

名　称	图　例	说　明	名　称	图　例	说　明
墙外单扇推拉门		木门、塑钢门	双扇内外开双层门		木门、玻璃门等
墙外双扇推拉门		木门、塑钢门	转门		木门、玻璃门、金属门较为常见
墙中单扇推拉门		木门、塑钢门	自动门		玻璃门、金属门较为常见
墙中双扇推拉门		木门、塑钢门	折叠上翻门		金属门较为常见
单扇双面弹簧门		木门、玻璃门等	竖向卷帘门		金属门、塑料门较为常见
双扇双面弹簧门		木门、玻璃门等	横向卷帘门		金属门较为常见
单扇内外开双层门		木门、玻璃门等	提升门		金属门较为常见

附录 C 常用家具、设备图例

名　　称	图　　例	名　　称	图　　例
沙　发		**客 房 家 具**	
单人		单人床、床头	
双人		双人床、床头	
三人		客房组合柜	
一+二+三组合		衣柜	
转角沙发		**办 公 家 具**	
半圆形沙发		标准写字台	
U形沙发		老板台	
异形沙发		开敞式组合办公桌椅	
茶　几		电脑桌	
长方形		转角写字台	
方形（有台灯）		文件柜、书柜	
圆形		船形会议桌（10～20人）	
不规则形		长方形会议桌（10～21人）	
餐　桌		椅子	
二人方形		圆形会议桌（10～22人）	
四人方形		椭圆形会议桌（10～23人）	
六人长方形		U圆形会议桌（10～24人）	
四人圆形		**办 公 家 具**	
六人圆形		1200×2000	
八人圆形		1500×2000	
十二人圆形		1800×2000	
四人快餐		2000×2000	
		沙发床	
		行军床	

（续）

名　称	图　例	名　称	图　例
其他家具		卫生洁具	
健身器材		坐便器	
乒乓球桌、台球桌		蹲便器	
钢琴		小便器、墩布池	
电器设备		柱式洗面盆	
冰箱		台式洗面盆	
冰柜		浴缸	
电视		浴箱	
电脑		冲浪浴箱	
电风扇		厨　房	
电暖器		一字形台面	
电热水器		L字形台面	
矿泉水机		U字形台面	
洗衣机		灯　具	
电饭锅		花灯	
微波炉		筒灯	
电磁炉		吸顶灯	
柜式空调		壁灯	
挂式空调		立灯	
音响		台灯	
电话		异形灯	
打印机		日光灯	
传真机			
复印机			

（续）

名 称	图 例	名 称	图 例
配套设施		植物绿化	
空调风口		花	
排风口		草	
烟感器		树	
喷淋头		其 他	
背景广播		轮椅	
防火卷帘		衣帽架	
		棋牌桌	
		熨烫板	

附录 D 常用建筑及装饰材料图例

名 称	图 例	说 明	名 称	图 例	说 明
自然土壤		包括各种自然土壤	混凝土		1）本图例仅适用于能承重的混凝土及钢筋混凝土 2）包括各种强度等级、集料、添加剂的混凝土 3）在剖面图上画出钢筋时，不画图例线 4）断面较窄不易画出图例线时，可涂黑
夯实土壤			钢筋混凝土		
砂、灰土		靠近轮廓线画较密的点	焦渣、矿渣		包括与水泥、石灰等混合而成的材料
砂砾石、碎砖三合土			多孔材料		包括水泥珍珠岩、沥青珍珠岩、泡沫混凝土、非承重加气混凝土、泡沫塑料、软木等
天然石材		包括岩石层、砌体、铺地、贴面等材料	泡沫塑料材料		
毛石			纤维材料		包括麻丝、玻璃棉、矿渣棉、木丝板、纤维板等
烧结普通砖		1）包括砌体、砌块 2）断面较窄、不易画出图例线时，可涂红	松散材料		包括木屑、石灰木屑、稻壳等
耐火砖		包括耐酸砖等	木材		上图为横断面，从左到右依次为垫木、木砖、木龙骨。下图为纵断面
空心砖		包括各种多孔砖	胶合板		应注明几层胶合板
饰面砖		包括铺地砖、陶瓷锦砖、人造大理石等	石膏板		

（续）

名　称	图　例	说　明	名　称	图　例	说　明
金属		1. 包括各种金属 2. 图形小时可涂黑	橡胶		
			塑料		包括各种软、硬塑料及有机玻璃等
网状材料		包括金属、塑料等网状材料	防水材料		构造层次多或比例较大时,采用上面的图例
液体		注明液体名称	粉刷		本图例点为较稀的点
玻璃		包括平板玻璃、磨砂玻璃、夹丝玻璃、钢化玻璃等			

参 考 文 献

[1] 来增祥，陆震纬. 室内设计原理［M］. 2 版. 北京：中国建筑工业出版社，2006.

[2] 张绮曼，郑曙旸. 室内设计资料集［M］. 北京：中国建筑工业出版社，1991.

[3] 王受之. 世界现代设计史［M］. 2 版. 北京：中国青年出版社，2015.

[4] 吴国盛. 科学的历程［M］. 2 版. 北京：北京大学出版社，2009.

[5] 约翰·派尔. 世界室内设计史［M］. 刘先觉，陈宇琳，等译. 北京：中国建筑工业出版社，2007.

[6] 张书鸿. 室内设计概论［M］. 2 版. 武汉：华中科技大学出版社，2009.

[7] 张书鸿，等. 怎样看懂室内装饰施工图［M］. 北京：机械工业出版社，2005.

[8] 赵大兴. 工程制图［M］. 2 版. 北京：高等教育出版社，2009.

[9] 马广韬. 画法几何学［M］. 长春：吉林科学技术出版社. 2003.

[10] 贾洪斌，雷光明，王德芳. 土木工程制图［M］. 3 版. 北京：高等教育出版社，2015.